みんなが知りたい！
地層のひみつ
岩石・化石・火山・プレート
地球のナゾを解き明かす

地質標本館 館長
森田 澄人 ●監修

Mates-Publishing

地層のひみつが

化石や鉱物、岩石の種類は？

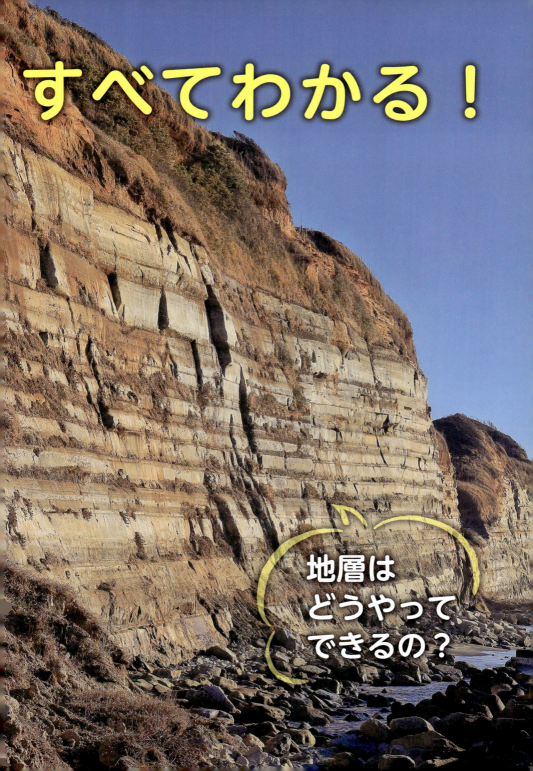

資源は私たちの生活にどう利用されているの？

地震や噴火はなぜ起こるの？

みんなが知りたい！ 地層のひみつ

岩石・化石・火山・プレート　地球のナゾを解き明かす

contents

2	地層のひみつがすべてわかる!
8	本書の見方

9　第1章　地層とはなにか?

10	そもそも地層ってなに?
12	地層にはどんな種類があるの?
14	そのほかの地層の種類は?
16	地層が見られるおすすめスポット
22	地層はどうやってできるの?
24	地層を観察することでわかることは?
26	岩石にはどんな種類があるの?
30	地質時代の区分は?
32	堆積からわかることは?

39　第2章　化石とはなに?

40	化石とはなに?どこにあるの?
42	化石はどうやってできるの?
44	化石からどんなことがわかるの?①
46	化石からどんなことがわかるの?②
48	コラム　星の砂は原生動物の殻だった?

49　第3章　地球の構造、プレート

50	地球の表面を覆うプレートとはなに?
52	プレートの境界とはなに?
54	日本の周りの代表的なプレートは?
56	コラム　ヒマラヤは海の底だった

57　第4章　火山の仕組みは?

58	火山はなぜ噴火するの?
60	噴火にはどんな種類があるの?

62	噴火するとどうなるの?
64	火成岩には火山岩と深成岩の2種類ある
66	地下で冷えながらマグマの組成が変わる
68	活火山とは?
70	覚えておきたい日本の活火山
72	コラム　ハザードマップとはなに?

73　第5章　地震はなぜ起こるの?

74	地震が起こる仕組みは?①
76	地震が起こる仕組みは?②
78	日本で過去30年に起きた大きな地震は?
80	震源、震央、震度、マグニチュードってなに?
82	活断層ってなに?
84	しゅう曲ってどうやってできるの?
86	津波はなぜ起こるの?
88	液状化現象など、そのほかの現象は?
90	コラム　日本や世界で過去に起きた大きな地震は?

91　第6章　地質から得られる資源とは?

92	地下資源はどのように活用されている?
94	金属鉱物資源とは?
96	化石燃料はどんなところでできるの?
98	石炭とは?
100	石油資源とは?
102	天然ガスとは?
104	石材資源とは?
106	コラム　鉄ができたのはバクテリアのおかげ?

107　第7章　標本図鑑

108	岩石
114	鉱物
124	化石

本書の見方

本書は地層の成り立ちや仕組みを豊富なビジュアルで楽しく学ぶことができます。第1章ではそもそも地層とはなにか、第2章では化石の種類や成り立ち、第3章では地球の構造やプレートについて、第4章では火山の仕組みについて知ることができます。また、第5章では地震はなぜ起こるのか、第6章では地質から得られる資源について解説します。巻末には、岩石や鉱物、化石を紹介する図鑑もあります。

見出し
各見出しのテーマ毎に、基本的に見開きで解説しています。

写真・イラスト
本書では豊富なビジュアルを使って、わかりやすく解説しています。

本文
そのテーマに関する内容を詳しく解説しています。漢字にはルビを振っています。

ヒミツコラム
もっとくわしく知りたいことや、地層にまつわる面白い話をコラムで紹介しています。

※本書の情報は2024年8月時点のものです。

第1章

地層とは なにか？

第1章 地層とはなにか？

そもそも地層ってなに？

れきや砂で層をなすものが地層と呼ばれている

　地球を構成しているものの性質を地質といいます。

　地質のなかでおもに、れきや砂、泥などがたまった岩石が、層をなして分布しているものを地層と呼んでいます。

　地質には地層以外に、マグマが作った岩石などがあります。

　地層のたまった一枚一枚の地層を、単層といいます。それぞれの地層のたまった面を層理面といいます。

伊豆大島（東京都）の地層大切断面

須佐ホルンフェルス
(山口県)

わたしたちの身近にある地層を見てみよう

地層は足元にあり、普段は見ることができません。

それでも、わたしたちが生活している身近な場所で見つかることもあります。

例えば、次のような場所で、地層を見ることができます。

・海岸などの、断面がむき出しになった崖
・山の一部を削って作ったトンネル
・山の採石場、工事のために掘削された場所

有名な地層は、観光地にもなっています。ぜひ、実際に地層を見にいってみましょう。

ヒミツコラム

地層は下から上にたまる

地層は下から上にたまります。そのため、重なり合う2つの地層では、上の地層は下の地層よりも新しいです。「地層塁重の法則」といって、地質学で、一番大事な法則です。ただし、たまに例外もあります。地層のでき方は場所によって異なるため、実際の地層はさらに複雑です。

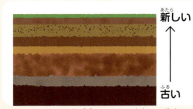

地層とはなにか？ | 化石とはなに？ | 地球の構造、プレート | 火山の仕組みは？ | 地震はなぜ起こるの？ | 地質から得られる資源とは？ | 標本図鑑

11

第1章 地層とはなにか？

地層にはどんな種類があるの？

大きく分けて、れき、砂、泥がたまった地層がある

地層には、一般的に、れき、砂、泥がたまった地層があります。れきは岩の岩石があった場所に比較的近い、川や海岸、海底の限られたところに分布します。

砂は水に流されやすく、川や海岸、海底などで、れきよりも広い範囲で分布します。

また、泥は深い海底や静かな湖の底などにたまります。

河原にたまっているれき。

海岸にひろがる砂。

粒の大きさによる分け方

地層はおもに、れきや砂、泥などを層とします。れき、砂、泥は、粒の大きさで分類されます。大きさが違うと、おもに運ばれやすさ（挙動といいます）が違うため、たまる場所が異なります。

● れき
2mm以上で、"石ころ"とよばれるくらいの大きさの石は、れきに分類されます。れきは、砂と同じように陸上でたまるか、陸に近い海にたまります。海の場合は、おもに海底谷などの流路に限られてたまります。

● 砂
れきよりも小さい粒を砂と呼んでいます。砂は陸から運ばれます。陸上でたまるか、陸から近い海にたまります。れきよりも砂のほうが、広い範囲に運ばれます。

● 泥（シルト、粘土）
16分の1mm（0.063mm）より小さいものを泥と呼びます。泥だけの地層の場合、深海か、静かな湖でたまっています。固まると泥岩になります。

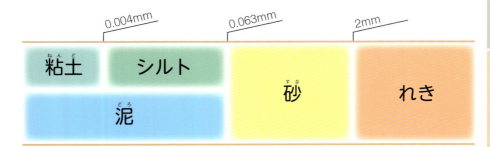

ヒミツコラム　つまんでざらつきを感じるのがシルト

さらに泥のなかでも、0.063㎜までをシルト、0.004mmmまでを粘土と分けます。

目安として、粒子をつまんで、ざらつきを感じるのがシルト、感じないものは粘土です。

第1章　地層とはなにか？

そのほかの地層の種類は？

岩石以外のいろいろな地層

●火山灰層
　細かな粒子の火山の噴出物（火山灰）によってできる地層のことです。火山灰は遠く離れた場所まで運ばれ、積もります。火山灰層が固まると、凝灰岩になります。

鳥取砂丘の凝灰岩層露頭。

●**生き物が堆積した地層**
サンゴ礁、炭酸カルシウムのプランクトンの遺がいが堆積した石炭岩や、放散虫が堆積したチャートなどがあります。

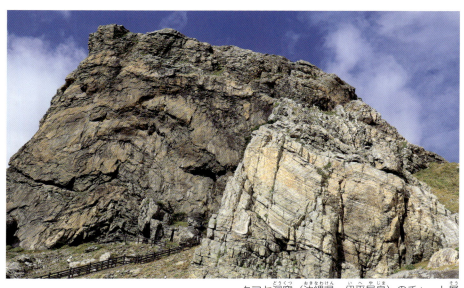

クマヤ洞窟（沖縄県・伊平屋島）のチャート層。

●**化学沈殿**
化学的に沈殿するものです。温泉が作る石灰岩にはトラバーチンがあります。

●**蒸発岩**
海が干上がると、海水中の塩が結晶して、岩塩を作ります。

ヒミツコラム　チョークは何でできている？

蒸発岩のなかまには石膏もあります。石膏は現在、学校で使うチョークや、グラウンドに描く白線の原料として用いられるなど、実はとても身近なものです。

第1章 地層とはなにか？

地層が見られるおすすめスポット

　日本で地層が実際に見られるおすすめのスポットを紹介します。特別保護地区のなかにある場合や、見学するために事前予約が必要な場合も多いです。

　屋外のため、雪が積もる地域など季節によっては見学できない場合もあります。

①地層大切断面（東京都）

　昭和28年に伊豆大島で道路工事中に偶然発見されました。高さ約24メートル、長さ630メートルの切断面を見ると、何度も火山噴出物が積もって、バームクーヘンのように層が重なっているのがわかります。近くに『地層断面前』というバス停があります。

②須佐ホルンフェルスの岩畳（山口県）

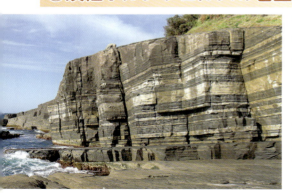

　萩市の萩ジオパークのなかにあり、萩市須佐高山にある断崖の一部の岩畳が有名です。岩場で地面が滑りやすいため、徒歩で近くまで行くには注意が必要です。また、毎年春から秋にかけて、遊覧船で岩畳を含めたコースが運行されています（事前予約が必要です）。

③室戸岬のタービダイト層（高知県）

室戸の海岸は観光地でもあり、見どころがたくさんあります。行頭から黒耳海岸はしま模様の分厚い砂岩層がはっきりと入っている様子をみられます。タービダイトが繰り返し起こることによって、砂岩泥岩互層が作られます。（タービダイトとは混濁流から形成される堆積物です）

④紀伊半島のフェニックスしゅう曲（和歌山県）

砂岩泥岩互層のしま模様が、地殻変動の影響を受けて、しゅう曲（P84）している様子が見られます。南紀熊野ジオパークのなかにあり、見学には事前予約が必要です。

⑤鬼の洗濯岩（宮崎県）

青島の海岸に広がる岩畳です。砂岩と泥岩の地層が交互に重なっています。波の作用で砂岩と泥岩の浸食の違いから凹凸ができました。

⑥木曽川チャート層（岐阜県）

木曽川中流の川沿いにおもに赤い色のチャート層が露出しています。チャートは二酸化ケイ素の殻をもつ放散虫というプランクトンの遺がいがたまってできた地層です。単層の厚さが数cmから数十cmで層を作って、複雑にしゅう曲しています。

⑦糸魚川の断層露頭（新潟県）

糸魚川市のフォッサマグマパークで、断層露頭を見学できます。中央に糸魚川-静岡構造線の活断層があり、東側の約1600万年前の岩石と、西側の約2億7000万年前の岩石が接しているようすがみられます。

⑧糸魚川の枕状溶岩（新潟県）

枕状溶岩（P33）は、海底で噴出したマグマが枕のように丸くなりながら急速に冷えて固まり、そのかたまりが次々と重なったものです。また、フォッサマグナパークの遊歩道沿いには、日本最大級（直径約12m）の巨大枕状溶岩（車石）があります。

⑨五色ノ浜・横浪メランジュ（高知県）

赤道付近の海底で噴出した枕状溶岩や、チャート、四国付近の陸地から運ばれてきた砂岩など、大きさや種類の異なるいろいろな岩石が混在している地層です。四万十帯とよばれる海洋プレートが動いて日本列島に付け加わってできた地層（付加体）が分布しているというプレートテクトニクス学説を証明した場所のひとつです。

⑩屏風ヶ浦の火山灰と関東ローム（千葉県）

房総半島の犬吠埼から九十九里浜の間の海岸の高い崖で見られます。太平洋の荒波が浸食して、屏風をたてたような断崖を作りました。崖の上部の赤い層は関東ローム層です。

⑪ 長瀞の岩畳（埼玉県）

川の水が深くて、流れが静かなところを「瀞」といい、地名の由来になっています。秩父帯や四万十帯の岩石の一部が、中生代白亜紀にプレートとともに地下に引きずり込まれて高い圧力によって変成を受けてできた結晶片岩が見られます。結晶片岩はうすく割れやすい岩石です。地下深くの岩石を、地表で観察できるため『地球の窓』といわれています。

⑫ 三浦半島・海外のスランプ構造（神奈川県）

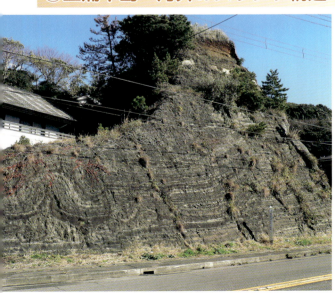

三浦市海外町の海岸一帯で見られる三崎層は、凝灰岩や泥岩の互層からできています。この地層には、地質形成当時の環境を知る手がかりとなるスランプ構造（海底などで十分に固まっていない地層が一時的に斜面をすべってできた海底地すべりの構造）がみられます。向かって左側の地層が右側の地層にのし上がっています。

画像提供：横須賀市自然・人文博物館

第1章 地層とはなにか？

地層はどうやってできるの？

長い年月で風化・侵食された土砂が運ばれ、堆積する

地層や岩石は、雨や風にさらされて性質が変化していきます。また、気温の変化によりひずみが起きたり、形が変わったり、もろくなったりします。このような現象を風化といいます。風化や、水の流れ、地盤の変動によって、地層や岩石が削り取られることを「浸食」といいます。

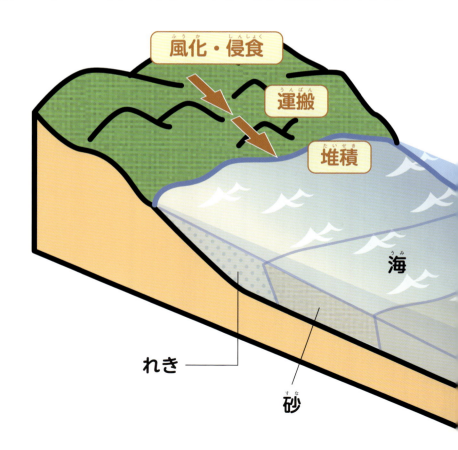

岩石が、水や風の作用、または重力の作用で運ばれることを「運搬」といいます。岩石は、川で時間をかけて上流から下流へと流される間に、細かく、角がとれて丸くなります。

運ばれた先の安定する場所に落ち着いて、たまっていくことを「堆積」といいます。これらが層をなして、地層ができます。

水の流れのなかでは小さな粒子ほど遠くまで「運搬」される傾向があります。また、「堆積」のときには、大きい粒から小さい粒へ、下から上へたまる傾向があります。

川の水だけでなく、砂漠の風や、氷河の氷によっても浸食、運搬、堆積は起こり、地層を作ります。

ヒミツコラム　一瞬で地層ができることもある？

地層は必ずしも長い時間をかけてできるわけではなく、陸上では土砂崩れの例があります。土砂崩れでは、一瞬のうちに浸食、運搬、堆積が起きています。土砂崩れで山が削られ、今の地形ができているところもたくさんあります。

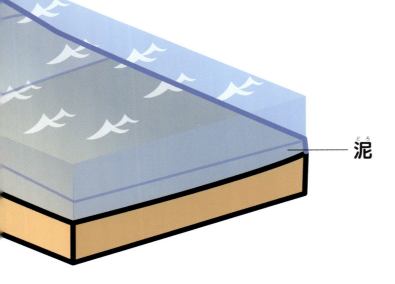

泥

第1章　地層とはなにか？

地層を観察することでわかることは？

たまった環境、流れの向きなどがわかる

　地層を調べることによって、過去にどのようなことが起こったのかがわかります。

　地層のたまった順番や向き、それぞれの層が何からできているか、どうやって運ばれたか、どこに堆積したかなどを調べます。

●どんな環境でたまったのか

　地層がたまった場所が陸地なのか、海なのか。陸地でも、湖か川なのか、海なら陸地に近い海なのか、陸から遠い深い海なのか……という環境がわかります。

　また、地層の堆積構造で、地層のたまりかたがわかります。泥しかたまっていない分厚い地層はかつては深海またはとてもおだやかな大きな湖だったことがわかります。石灰岩の地層は、かつては浅い海のサンゴ礁だったことがわかります。

●流れの向き

　地層の堆積構造の傾きで流れの向きがわかる場合があります。下の写真は斜交層理といいます。

下側の層は、右から左向きの流れによって作られているのがわかります。
（産総研地質調査総合センター）

24

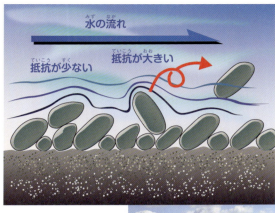

れきが水の流れによって、将棋倒しのように前に倒れ込むような形態を示して並びます（インブリケーションといいます）。並び方で、流れの方向がわかります。

河原にたまっているれきの例。石の向きがそろっています。右から左に水の流れがあったことがわかります。

他にもこんなことがわかる

●どういう生き物がいたか
化石があれば、どういう生き物がいたかがわかります。例えば貝の化石がある場所は、かつて海だったと考えられます。

●どこからやってきたのか
れき岩、砂岩があれば、含まれているれき、砂粒の種類で、どこからやってきたのかがわかります。

●地層にどんな力がかかったか
地層の層理面（P10）の傾きやしゅう曲（P84）または断層を見れば、どのような力が掛かって、地層が変形したかがわかります。

25

第1章　地層とはなにか？

岩石にはどんな種類があるの？

火成岩、堆積岩、変成岩の3つの種類にわけられる

岩石はいろいろな鉱物やガラスなどの物質が集まってできています。

岩石は火成岩、堆積岩、変成岩の3つの種類があります。

①火成岩

地下のマントルを作る岩石が溶けるとマグマになります。マグマが冷えて固まったのが火成岩です。

火成岩は石の状態を見て火山岩（斑状組織）か、深成岩（等粒状組織）か判断します（P65）。

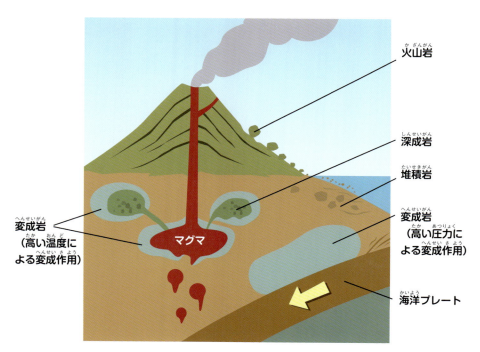

26

②堆積岩

　堆積岩にはれき、砂、泥などが長い間をかけて固まったもの、生き物の遺がいが集まってできたもの、火山噴出物からできたものなどがあります。

　れき、砂、泥が積み重なって固まったものをそれぞれ、れき岩、砂岩、泥岩と呼びます。

　生き物からできた堆積岩は、遺がいの種類によって石灰岩や、チャートになります。

　石灰岩はサンゴ礁やフズリナという石灰質の殻を持つ生き物の遺がいが長い時間をかけて固まった岩石です。炭酸カルシウムの成分のため、セメントの材料にもなります。

　チャートは、放散虫や珪藻という二酸化ケイ素の殻を持つプランクトンの遺がいが海底に積もり、次第に地下で熱をうけながらゆっくり溶けて硬い岩石になったものです。

　火山の噴出物で、溶岩以外のものがたまってできるのが火山砕屑岩です。そのなかでも火山灰がたまった火山灰層が固まると、凝灰岩になります。

堆積岩の主な種類
① れき岩、砂岩、泥岩
② 石灰岩、チャート
③ 凝灰岩
④ 蒸発岩（岩塩など）

石灰岩
（産総研地質調査総合センター）

れき岩
（産総研地質調査総合センター）

凝灰岩
（産総研地質調査総合センター）

③変成岩

もともとあった火成岩、堆積岩などが、非常に高い温度で熱せられたり高い圧力を受けたりして、なかに含まれている鉱物や構造が新しく変化してしまったものが変成岩です。

●高い温度による変成作用

もともとあった地層に、地下深いところからマグマがやってくると、熱く焼かれてしまうため、含まれている鉱物が変わります。

- **ホルンフェルス** 泥岩や砂岩が、分布しているところにマグマがやってくると、高い熱を受けて高温型の変成岩になります。
- **結晶質石灰岩** 石灰岩が、地下深いところに潜って、一旦溶けて再結晶したものです。一般には大理石と呼ばれるものです。

●高い圧力による変成作用

プレートの沈み込みによって、深いところに引きずり込まれた地層や岩盤は、深さ数10kmまでもぐるので、高い圧力を受けることになり、含まれている鉱物が変わっていきます。結晶が同じ方向に並んでいて、うすく、割れやすいものがあります。

- **千枚岩** 泥岩が、高い圧力をうけて、うすく剥がれやすい性質をもった岩石のことです。
- **結晶片岩** 高い圧力をうけて、しま状の組織をもつようになった岩石です。
- **片麻岩** 高い熱とともに圧力もうけた岩石です。しま状の組織を持ちます。
- **蛇紋岩** カンラン岩が、圧力をうけながら水を取り込んだ岩石です。緑に光ってきれいです。早池峰山（岩手）や関東山地、糸魚川（ひすいの産地）、房総、四国などさまざまな場所に分布しています。北海道の沙流川では蛇紋岩が、つるつるの大きな斜面を作っています。
- **マントルの石** カンラン岩。襟裳岬の近くの幌満（アポイ岳）などで見られます。

結晶質石灰岩（オニックスマーブル）
（産総研地質調査総合センター）

ヒミツコラム 宇宙からきた岩石

アフリカのナミビアで発見された世界最大のホバ隕石。

● 隕石

地球外（宇宙空間）からやってきた固体の物質のことを隕石と呼んでいます。石質隕石、鉄質隕石など、構成しているものによって、名前が変わります。

地球の大気圏に突入するとき、摩擦で表面が溶けて、表面がなめらかになったりします。大気のなかですべて燃えつきてしまうと、流れ星として光って終わりですが、残って地上までたどり着くと、隕石とよばれます。隕石は宇宙の生い立ちを知るのに重要です。

● 月の石

月にもマグマがあります。玄武岩、角れき岩など地球と似た鉱物を含むものもありますが、地球とは分布が違います。月の表面には、レゴリスと呼ばれる灰（砂や微粒子）が分布しています。アメリカ合衆国の月探索計画であるアポロ計画によって、月から持ち帰られた石もあります。

29

第1章　地層とはなにか？

地質時代の区分は？

大量絶滅などの大きな変化で区分されている

地球は46億年前にできたといわれています。右の表のように、地質時代が区分されています。古生代、中生代などの区分は、大量絶滅などによる動物の種類の大きな変化がきっかけになっています。

25億年よりも昔、原生代より前の太古代の時代に海にバクテリアや緑藻、多細胞生物があらわれていたようです。この頃の地層では、シアノバクテリア（原核細胞）という微生物が作った縞状鉄鉱層が有名です。シアノバクテリアが海のなかで大量の酸素を作って、海のなかの鉄分が沈殿して、しま模様の鉄の層を作りました。光合成によって海水中に酸素が増え、海水中の鉄が酸化。酸化した大量の鉄は水に溶けないため、沈殿し、酸化鉄の地層が作られました。

古生代のカンブリア紀になると、爆発的に生物が発生し、多様化が進みました。古生代の生物としては、三葉虫が有名です。筆石、腕足類なども出てきます。シルル紀には、陸上生物が出てきました。また、アンモナイトが出てきます。デボン紀には両生類が増えます。陸上の植物も増えます。石炭紀は温かい時期で、シダ類など大型の植物が陸上でたくさん現れます。この頃には昆虫も増えます。ペルム紀頃には脊椎動物が増えてきます。

中生代は恐竜を含む爬虫類が繁栄した時代です。古生代最後のペルム紀の絶滅が起こってから、三畳紀は生物相が大きく変化しました。アンモナイトが増え、多様化が進みます。ジュラ紀には、鳥の祖先といわれる始祖鳥が出てきます。ジュラ紀・白亜紀は大型爬虫類（恐竜）の時代です。白亜紀に特に大きな恐竜が出てきます。白亜紀の終わり、隕石の衝突により大量絶滅が起こります。恐竜やアンモナイトは、これにより絶滅しました。

新生代になると、哺乳類が増えます。白亜紀の終わりの環境変化に耐えられたのは、体内で赤ん坊を育てられたためといわれています。約600万～500万年前頃には人類が誕生します。

地質時代の区分			おもなできごと
新生代		第四紀	約300万～200万年前以降：日本列島全体で地殻変動が活発化 約600万～500万年前：人類の誕生 約1500万～500万年前：丹沢山地・伊豆半島の本州への衝突 約1400万年前：瀬戸内地域で活発な火山活動 約1700万年前：温暖化により熱帯気候が本州中部まで広がる 約2400万～1500万年前：日本海の誕生 約3400万年前：南極に氷床ができ、世界的に寒冷化 約4000万～3000万年前頃：九州北部で石炭層が形成される 約4500万年前：インド亜大陸とユーラシア大陸の衝突
		新第三紀	
		古第三紀	
中生代	1億年前	白亜紀	
		ジュラ紀	
	2億年前	三畳紀	
古生代		ペルム紀	約6500万年前：恐竜をはじめとする生物の大量絶滅 約1億2000万～6000万年前：日本の広い範囲で活発な火山活動 約1億5000万年前：鳥類の誕生 約2億年前：パンゲア大陸の分裂
	3億年前	石炭紀	
	4億年前	デボン紀	
		シルル紀	約2億5000万年前：生物の大量絶滅 約4億年前：陸上植物の出現 約5億4000万年前：生物の大量発生・進化
		オルドビス紀	
	5億年前	カンブリア紀	
原生代	6億年前	エディアカラ紀	約20億年前まで：超大陸の出現

※ 『地質年代表』（産総研 地質調査総合センターHP）を元に作成

31

第1章　地層とはなにか？

地層の堆積からわかることは？

どのようにたまっていったかがわかる

地層の堆積から昔の歴史を読み解くことができます。ここでは、地層によってわかることをいくつか紹介します。

大きいものから先にたまる（級化作用）

水のなかで粒子がたまるときは、粗いものから細かいものの順にたまっていく傾向があります。下から上へ大きな粒子から小さな粒子へ新しくなる堆積作用を級化作用といいます。反対になっている逆級化作用もまれにあります（湖底にたまる軽石の場合など）。

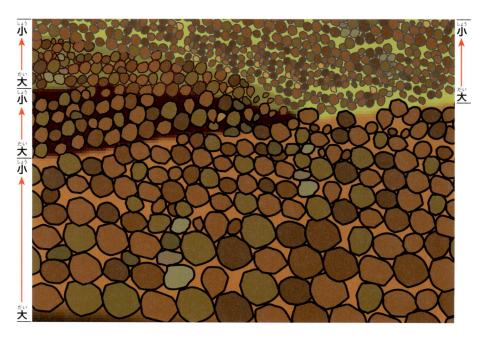

貝殻で地層の上下がわかる

貝殻を含む地層の場合は、貝殻の向きを見て判断できる場合があります。二枚貝のような貝殻は伏せているほうが安定するため、伏せたまっている傾向が多いです。このことにより、地層の上下がわかります。

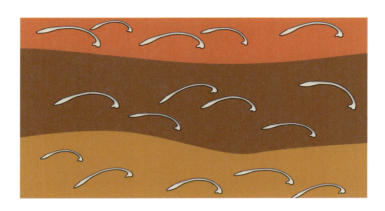

枕状溶岩で地形の上下がわかる

水中に噴出した溶岩は、表面張力で丸くなる傾向があります。次々と積み重なるため、一つひとつの形態が、上には丸く、下にはすき間を埋めるように垂れます。垂れ具合で、向きがわかり、上下判定ができます。この向きが傾いているときは、後に地層が傾いたことを示します。

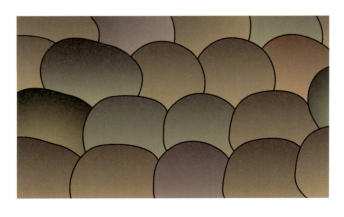

環境によって分布が異なる

　地形を構成する粒子には、大きいものから小さいものの順で、れき、砂、泥に分けられます。れきは陸上の川沿いや河川から続く海岸の川筋、海岸などに主に堆積します。砂はれきよりも分布に広がりがありますが、遠洋まで届きません。陸から離れた深い海底には泥岩しかたまりません。泥岩の地層の場合は、今は陸地だったとしても、かつてはそこが深い海の底や静かな湖の底だったことがわかります。

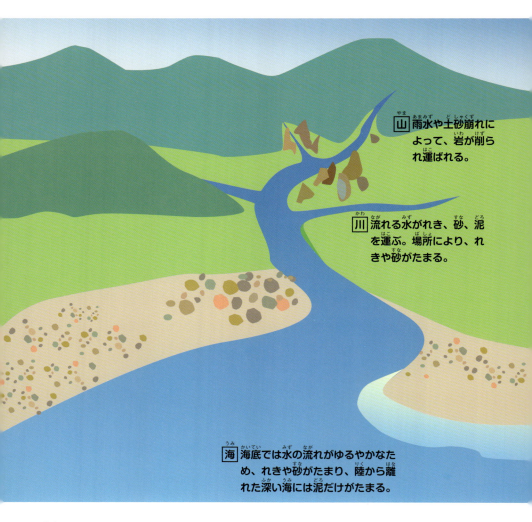

山 雨水や土砂崩れによって、岩が削られ運ばれる。

川 流れる水がれき、砂、泥を運ぶ。場所により、れきや砂がたまる。

海 海底では水の流れがゆるやかなため、れきや砂がたまり、陸から離れた深い海には泥だけがたまる。

砂泥互層

　泥の地層は、陸から遠い深い海で、ゆっくり静かにたまります。泥の地層と砂の地層が交互に重なるのが砂泥互層です。

　泥は常に静かにゆっくりたまっています。嵐があると陸から砂が流れてきてたまります。それでも泥は静かにゆっくりたまっていきます。またあるとき、砂がドサーっとたまっていくことで、交互に層が重なっていきます。泥は約100年かけて数10cmたまるのに対して、砂は数日で数cmから数mの厚さで一気にたまることがあります。

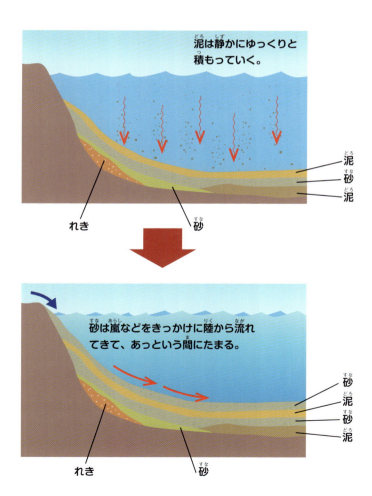

生痕化石

　生き物がいた跡が地層中に残っているものを生痕化石といいます（くわしくはP 40）。

恐竜の糞化石 /（脊索動物門 爬虫綱 恐竜類）
（産総研地質調査総合センター）

漣痕化石

　水底にうろこの模様のようにできている化石を漣痕といいます（漣＝さざなみ）。砂丘に風紋ができたりするのと同じようなものですが、比較的小さいものをリップルマークと呼び、長さが1m以上のものをデューンといいます。

　海底に流れる静かな流れの場所で、その形態を残したまま、上に地層がたまると、そのまま地層中に残る場合があります。ほとんどの海底の形は次の流れで消されてしまうため、当時の地表面がそのまま残るものは珍しいです。

　一方向に流れを示すリップルマークもあれば、潮が行ったり来たりするように、左右に対称的な構造を残すものもあります。

リップルマーク

底痕（ソールマーク）

　底痕（ソールマーク）と呼ばれる地層の底面に残される形が、地層がたまったときの様子を教えてくれます。底痕の一種にフルートキャストがあります。フルートキャストは上位層の水の流れの方向を教えてくれます。上に砂の地層があり、右の写真では左奥から右手前への流れでできる構造、地層の底面にその形のまま残ったものです（上位の地層がたまるときの水の流れを教えてくれます）。キャストとは、英語でCastと書き「残った型。かたがついたようなもの。成型。型枠」という意味があります。

フルートキャスト
（産総研地質調査総合センター）

> **ヒミツコラム**
>
> ### フルートキャストがたくさんあるのはどこ？
>
> 　猪崎鼻（宮崎県日南市）にフルートキャストがたくさんあります。砂の地層の底面に見られ、規模と保存の良さ、美しさからほかに類を見ないフルートキャストとされています。（急な崖のある場所なので、見学に行くときは注意が必要です）。

火山灰層で堆積した時代がわかる

　火山の噴出物のなかでもとても細かい火山灰は、同時に広範囲に広がるので、遠く離れたところでも、同じ噴火のときに堆積したことがわかります。そのため、地層を調べるときの手がかりになるため、火山灰層は鍵層と呼ばれます。

●家の近くの崖　　　　　　●数100km離れた町にある崖

同じ火山灰層
（同じ時を示す）

第2章

化石とは
なに？

第2章 化石とはなに？

化石とはなに？どこにあるの？

生き物の遺がいだけでなく生活の痕跡なども化石

　地質時代の生き物（古生物）の骨や皮、羽などの遺がいが地層のなかに埋まって保存されていたものを化石といいます。

　貝殻や植物の葉など、生き物の形や輪郭が堆積岩に残ったものも化石になります。

　かたい石に変わっていないものでも、地質時代の生き物の遺がいなどは化石といいます。シベリアの永久凍土で氷に閉じ込められていたマンモスの遺がいが発見された珍しい例があります。

　また、生き物が残した生活の痕跡が地層に残っているものを生痕化石といいます。巣穴や足跡、糞が化石として残っていた例もあります。

　なお人が作ったものは化石ではありません。たとえば貝塚は人が残したものなので、化石ではありません。

● 生物の遺がいが化石になったもの

三葉虫類 / Asaphiscus
（産総研地質調査総合センター）

アンモナイト類 / 軟体動物門 頭足綱 アンモナイト亜綱（産総研地質調査総合センター）

●生き物の生活の痕跡が残ったもの（生痕化石）

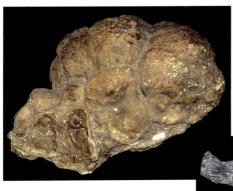

恐竜の糞化石 /（脊索動物門 爬虫綱 恐竜類）
（産総研地質調査総合センター）

ヒプシロフォドン類もしくは
獣脚類? / 生痕化石 恐竜足跡
（産総研地質調査総合センター）

●生き物の形や輪郭が残ったもの

腕足動物類 / 腕足動物門
（産総研地質調査総合センター）

> ヒミツ
> コラム

『生きた』化石と『生き物ではない』化石って？

シーラカンスなどを『生きた化石』ということもありますが、それは、古い時代の化石としても発見される、それほど古くからいるという意味で、たとえよって呼んでいるものです。波や水の流れの跡は生き物ではないので、本来は化石ではありませんが、波の流れ、水の流れの化石である漣痕や底痕

（P36）なども、比喩的な意味で化石と呼ばれます。

41

第2章 化石とはなに？

化石はどうやってできるの？

化石ができる特殊な状況とは？

　生き物が死んだり、火山活動の影響で埋まったりして地層のなかに閉じ込められたものが、特殊な環境の場合に化石として残ります。酸素に触れる状態では、生き物はバクテリアなどによって分解されてしまいます。化石になるために大事なのは、完全に酸素のない状態で埋まり、きちんと封じ込められることです。

　地層中で石英などの石の成分に置きかわる場合もあります（石化といいます）。

①生物が死んだり、火山活動の影響で埋まり、地層のなかに閉じ込められます。

42

②骨などの上に砂や泥が積もり、埋もれます。そのままバクテリアに分解されずに残ります。

③地殻の変動で、地層が持ち上げられることがあります。

④地表近くに出ると、化石として発見されます。恐竜の骨などは、石英などに置き換わっている場合もありますが、骨の成分を残していることもあります。

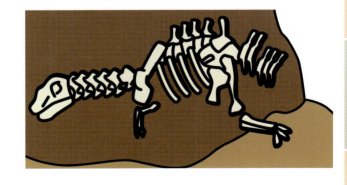

43

第2章 化石とはなに？

化石から どんなことがわかるの？①

示相化石でどんな自然環境だったかがわかる

　地層が堆積した環境を示す化石を示相化石といいます。示相化石が見つかれば、その地層がどんな環境でたまったのかがわかります。

　たとえば、その生物の特徴から生きていたのは陸か、水中（海か湖）か。また、気候のヒントにもなります。サンゴなら浅い海やあたたかい海。シジミなどは湖、河口など。ブナの葉なら陸地の温帯で、やや寒い気候ということがわかります。

　さらに、海底に住む有孔虫やコケムシ、貝類は、種類によって適している水深が異なる場合があります。これらは、その地層がたまった海の水深を教えてくれます。

現在

地層の堆積当時

● 代表的な示相化石

暖かくて
きれいな浅い海

サンゴ

湖や河口

シジミ

温帯のなかでも
やや寒冷な地域

ブナ

> **ヒミツコラム**
>
> ### 殻の化石で当時の気温がわかる？
>
> 微化石のなかでも有孔虫の場合、住んでいた環境が分かる場合もあります。殻が炭酸カルシウムでできた有孔虫は、殻に含まれている酸素の重さ（酸素同位体比）を分析することで、その地層がたまった当時は暖かかったか、寒かったかなどの気候の様子がわかります。

地層とはなにか？ | 化石とはなに？ | 地球の構造、プレート | 火山の仕組みは？ | 地震はなぜ起こるの？ | 地質から得られる資源とは？ | 標本図鑑

45

第2章 化石とはなに？

化石から どんなことがわかるの？②

示準化石で地層のたまった時代がわかる

ある特定の時期に生きていたアンモナイトや三葉虫の化石から、その化石が出る地層がどの時代にたまったかがわかります。このように、地層の時代を示す化石のことを示準化石といいます。

また、進化による変化のスピードが非常に速くて、生息域が広い微化石も示準化石としてよく利用されます。微化石は数mm以下の化石のことで、研究のために顕微鏡を使わなければならないくらいに小さいサイズです。

微化石のなかでもプランクトンは、示準化石でもありますが、プランクトンは大型生物よりも進化が速いので、より詳しい時代を区分する示準化石として使われます。

現在

地層の堆積当時

● 代表的な示準化石

ヒミツコラム

微化石を調べると地層の順序がわかる

放散虫や有孔虫、ココリス（ナノプランクトン）や珪藻などの微化石を詳しく見ていくと、生き物の仲間が時代を経て細かく変化していることがわかってきました。これにより、微化石から地層の細かな時代区分決定ができるようになりました。

コラム
星の砂は原生動物の殻だった？

　顕微鏡を使わないと見えないくらいの小さいサイズの生物の化石のことを微化石といいます。
　微化石の代表的な例である有孔虫は、殻がおもに炭酸カルシウムでできているものが多く、世界中で大量に産出されます。海中でプランクトンのように浮かんでいるものを浮遊性有孔虫、海底や、泥に潜ってくらしているものを底生有孔虫といいます。
　有孔虫はすでに太古の時代（カンブリア紀）には出現していたとされています。大型の動物と比べると進化が早いため、地層の年代を知ることができる示準化石として使われます。
　ちなみにお土産屋さんでよく見かける、星の形に似ている「星の砂」は、海底にすんでいた有孔虫の殻です。

星の砂

第3章

地球の構造、プレート

第3章　地球の構造、プレート

地球の表面を覆うプレートとはなに？

地球の表面は10数枚のプレートに覆われている

　地球の表面は10数枚の岩盤が覆っています。この岩盤のことをプレートといいます。プレートの厚さは厚いところで100kmほどあり、その下にあるマントル（P58）にのっています。それぞれのプレートは別々の方向で年に数cmのスピードで動いています。

　また、プレートとプレートの間は、開いているところと、閉じているところがあります。開いているところでは、新しいプレートが次々と生まれています。閉じているところでは、プレートとプレートがぶつかって、一方のプレートがもぐり込んだり（プレートの沈み込みといいます）、

海洋プレートと大陸プレート

大陸同士のプレートが衝突を起こしたりしています。
　プレートが動くのは、プレートの下にあるマントルの対流や、沈み込んだプレート自体の重さが原動力です。

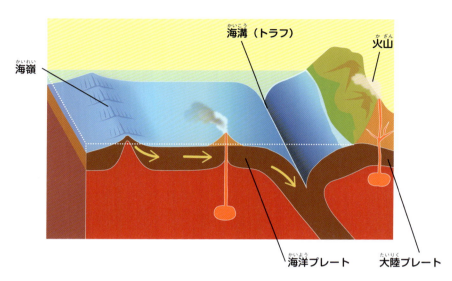

海洋プレートと大陸プレート

　プレートには、おもに海底に分布する海洋プレートと、大陸などを含む大陸プレートがあります。
　海洋プレートは大陸プレートにくらべると、密度が大きく重いです。
　特に年を経て冷えた海洋プレートはその下にあるマントルよりも重くなるため、きっかけ（海溝）があれば沈み込んでいきます。

第3章　地球の構造、プレート

プレートの境界とはなに？

プレートが離れたり、ぶつかったりする？

プレート同士の境目を、プレート境界といいます。プレート境界の運動は拡大型、収束型、平行移動型の3種類があります。

● **拡大型**

プレート同士が離れて、互いに遠ざかる境界です。プレートとプレートが両側に離れていくと、さけ目を補填するように、マントルが上がってくるため新しいプレートの部分を作ります。このようなプレートの境界は盛り上がるため海嶺となります。

● **収束型**

プレートとプレートが近づく境界です。海洋プレートと大陸プレートがぶつかると、重い海洋プレートは軽い大陸プレートの下に沈み込みます。海のプレートが沈み込むところには海溝ができます。

大陸プレート同士がぶつかる収束の場合は、どちらも沈み込まずに互いに押しあって、大きな山脈を作ります。例えば、ヒマラヤ山脈はユーラシアプレートに対してインドを構成する大陸プレートがぶつかってできました。

● **平行移動型**

プレートがすれ違い、横にずれている境界です。海洋プレートが拡大するとき、拡大が起こる海嶺が途切れている場合に海嶺をつなぐようにトランスフォーム断層と呼ばれる横ずれのプレート境界が形成されます。

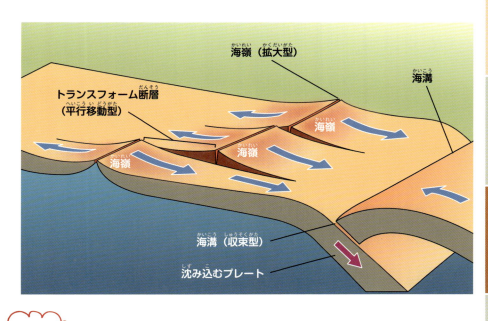

ヒミツコラム

トランスフォーム断層とは？

ずれた海嶺と海嶺の間をつなぐように形成される、プレートとプレートの境界の横ずれ断層のことです。図のように海嶺とトランスフォーム断層はジグザグの形を作ります。

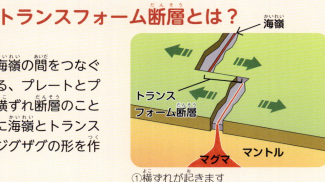

①横ずれが起きます

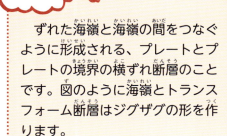

②だんだん裂けていきます

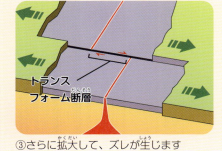

③さらに拡大して、ズレが生じます

第3章　地球の構造、プレート

日本の周りの代表的なプレートは？

プレートが離れたり、ぶつかったりする？

　日本の周辺には、太平洋プレート、ユーラシアプレート、フィリピン海プレートがあります。ユーラシアプレートを、中部地方（糸魚川−静岡構造線）から日本海の東縁部を境界としてユーラシアプレートと、北米プレートとに分ける考え方もあります。

　フィリピン海プレートは、日本列島の下、とくに西日本の下に沈み込んでいます。

　フィリピン海プレートを含めて、さらにその下に、太平洋プレートが東から日本列島の下に潜り込んでいます。

日本のまわりの海溝とトラフ

　両側の斜面が比較的急で、通常6000m以上の水深のものを海溝と呼び、6000m未満の比較的浅いものをトラフと呼びます。
　日本の太平洋側には、太平洋プレートの沈み込みで千島海溝、日本海溝、伊豆・小笠原海溝ができています。また、フィリピン海プレートの沈み込みで南海トラフと琉球海溝ができています。

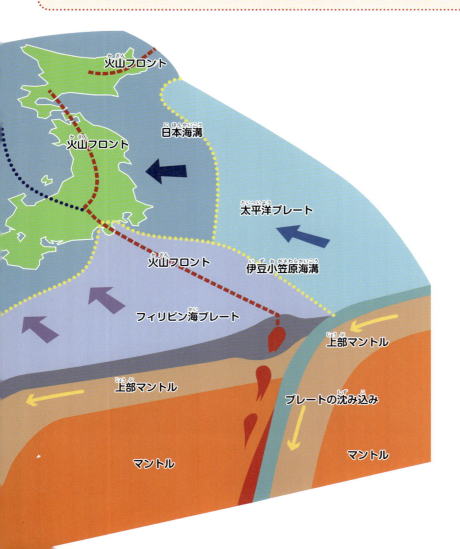

コラム

ヒマラヤは海の底だった？

　「世界の屋根」と呼ばれるヒマラヤ山脈は、世界で最も高い山であるエベレストをはじめ、8000メートル超の非常に高い山が連なる山脈です。

　ヒマラヤ山脈は、ユーラシアプレートにインド亜大陸を含むインド・オーストラリアプレートがぶつかってできました。大陸同士がぶつかったことで高い山脈となったのです。プレート同士がぶつかる、収束型の例です。

　ヒマラヤ山脈では、石灰岩の地層（イエローバンドといいます）や、アンモナイトの化石などの地層が見られます。これは、かつてインドとユーラシア大陸との間にひろがっていたテチス海という海の底の地層です。

ヒマラヤ山脈

56

第4章

火山の仕組みは？

第4章 火山の仕組みは？

火山はなぜ噴火するの？

マグマが地上に出ることを噴火という

　日本は火山の多い列島です。火山列島のかたちとプレートの沈み方には深い関係があります。

　海溝で、海洋プレートが大陸プレートの下に沈み込みます。すると、沈み込んだプレートを構成している鉱物が圧力に我慢できずに、水分を吐き出します。それが、上にいる熱いマントルと反応して、マグマを作ります。

　マグマが地上に出るのを噴火といい、噴火によって火山が作られます。

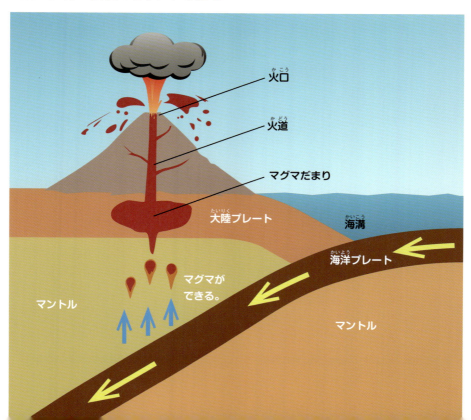

マグマとは？

マグマは地球の地殻やマントルの一部が溶けたものです。地球の内部のマントルは固体で、温度が高く、高い圧力がかかっています。

とても熱いマントルは上昇して圧力が下がったり、水が加わるとマグマになりやすくなります。

マグマは、マグマだまりを作りながら上昇して地表に噴出します。

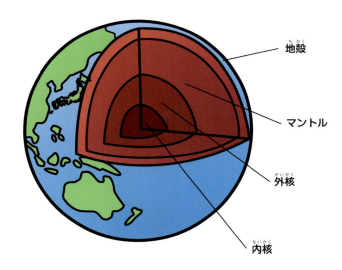

ヒミツコラム 火山は必ず山頂で噴火するわけではない

火山は、必ずしも山頂から噴火するわけではありません。伊豆大島の三原山では山腹の割れ目から噴火し、溶岩が広がる割れ目噴火を起こしています。富士山の一番新しい宝永噴火は山の斜面で起こり、火口を形成しています。

三原山（東京都・伊豆大島）にある割れ目噴火口。

第4章　火山の仕組みは？

噴火には
どんな種類があるの？

マグマ噴火、水蒸気噴火、マグマ水蒸気噴火がある

　マグマ噴火は地下にあるマグマが上がって地表に出てきて、噴出・噴火するものをいいます。水蒸気噴火はマグマの熱で地下水が間接的に熱せられて、高温高圧になって爆発的に噴出することをいいます。熱々のフライパンに水を入れたときに水が一気に蒸発するように、大きな体積膨張をします。そのため、水蒸気噴火は山体を大きく壊してしまう場合もあります。水蒸気噴火ではマグマの成分は噴出しません。水蒸気噴火のときに地下のマグマも一緒に噴出することをマグマ水蒸気噴火といいます。マグマだけではなく、水蒸気や山体を構成する岩石も吹き飛ばしたりします。

●マグマ噴火

1986年の伊豆大島の噴火の様子（画像提供：伊豆大島ジオパーク推進委員会）。

●水蒸気噴火

2014年の御嶽山噴火の様子。

●マグマ水蒸気噴火

2015年の口永良部島の噴火の様子（画像提供：口永良部島観光サイト掲載、撮影：二神遼氏）。

ヒミツコラム

噴火で山の形が変わった例

水蒸気噴火のときなどに、山体が壊れてしまうことがあります。それを山体崩壊といいます。1888年の会津磐梯山や、1980年のセントヘレンズ火山（アメリカ）の噴火のような例があります。

磐梯山

会津磐梯山では山体の北側が大きく崩れ、山の形が変わりました。

第4章　火山の仕組みは？

噴火するとどうなるの？

溶岩流や火砕流などさまざまな現象が起こる

　マグマは地表から出てきた段階で、呼び名が変わります。山体を流れるものは溶岩流といい、町にたどり着くと道路を覆ったり、建物などを焼きつくしたりします。

　高温の岩石、火山灰、火山ガスが粉砕しながら流れてくるものを火砕流といいます。流れが溶岩流よりも速いものが多く、被害の範囲も広くなりがちです。

　火山活動により地表に噴き出した高温の気体のことを火山ガスといいます。水蒸気、二酸化硫黄、硫化水素、二酸化炭素などがおもな成分で、吸い込むと危険なものもあります。

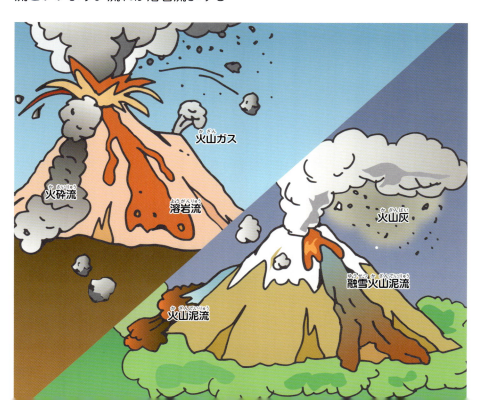

火山噴出物

噴火のときに地上に噴き出た物質を火山噴出物といいます。
- 地を這う現象：溶岩流、火砕流・岩せつなだれ
- 空を飛んでくるもの：火山岩塊、火山弾、火山れき、スコリア、軽石、火山灰など（まとめてテフラといいます）。

火山砕屑物

火山ガスと溶岩以外のこわれた火山噴出物のことを火山砕屑物と総称します。火山砕屑物は、爆発によって砕けながら、いろいろな大きさになって吹き飛ばされたり、土砂のように流され積もります。細かいものは風にのり、遠くまで運ばれます。

大きさは火山岩塊（直径64mm以上）、火山れき（直径2mm～64mm）、火山灰（直径2mmまで）に分類されます。

マグマそのもののかけらが飛んでくる火山弾は、ガスをたくさん含んでいます。内部が熱く膨張しようとする場合、パン皮状火山弾を作ることもあります。表面が先に固まりますが、なかが膨張するので、フランスパンのように表面が割れてしまいます。

パン皮状火山弾

第4章 火山の仕組みは？

火成岩には火山岩と深成岩の2種類ある

火山岩は地表付近ですぐに冷えたもの

　マグマが起源となっている岩石を火成岩といいます。火成岩は、さらに火山岩と深成岩に分けられます。
　火山岩は、マグマが地表やその付近に出てきたもので、すぐに冷やされるので十分に鉱物の結晶ができず、大部分がガラス質になります。

　鉱物はそのなかに含まれ、斑晶と呼ばれますが、ガラス質の部分のなかに浮かぶように見えるため、火山岩の組織を斑状組織と呼びます。火山岩に含まれる斑晶以外の主にガラス質の部分を石基と呼びます。

玄武岩
（産総研地質調査総合センター）

安山岩

流紋岩

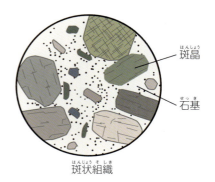

斑状組織

斑晶
石基

深成岩は深いところでゆっくり冷えてできたもの

深成岩はマグマが深いところでゆっくり冷やされて固まってできた岩石です。ゆっくり冷やしていくと全体が鉱物の結晶になった岩石になります。

全体が結晶化しているため石基がなく、鉱物の結晶同士が噛み合った構造をしています。結晶の粒がみんな同じような粒度合いのため、等粒状組織と呼びます。

花崗岩

等粒状組織

火成岩
地上近く→火山岩
地下深く→深成岩
（ゆっくり冷えたマグマだまり）

地層とはなにか？ 化石とはなに？ 地球の構造、プレート 火山の仕組みは？ 地震はなぜ起こるの？ 地質から得られる資源とは？ 標本図鑑

第4章 火山の仕組みは？

地下で冷えながらマグマの組成が変わる

先にできた鉱物が取り除かれて変わる

　マグマは地下で徐々に高い温度から冷えていきます。マグマが冷えると、マグマのなかで結晶ができ始めます。先に結晶になった鉱物は、一般的にマグマよりも重いため下の方に溜まってマグマから分離されていきます。高い温度で結晶する鉱物から取り除かれるために、マグマは成分が変化していきます（結晶分化作用といいます）。残ったマグマは、より軽い成分になります。

　先にできた鉱物がマグマから取り

結晶分化作用と火成岩のでき方

マグマのなかの二酸化ケイ素の割合→多くなる

除かれると、玄武岩質のマグマは安山岩質のマグマへ、さらに流紋岩質のマグマへと変化し、二酸化ケイ素（シリカ）成分の量が徐々に増えていきます。

ちなみに、火山の形や噴火の様子は、二酸化ケイ素の量によって異なります。二酸化ケイ素の量が多いほど粘性（ねばり気）が高いです。マグマの粘性が弱いと溶岩がうすく広がり傾斜はゆるやか、強いと盛り上がり、ドーム型になります。

| 火山岩 | 流紋岩 | 安山岩 | 玄武岩 |
| 深成岩 | 花崗岩 | せん緑岩 | 斑れい岩 |

ヒミツコラム

火成岩の覚え方

「しんかんせんは、かりあげ」で覚えるとよいでしょう。

しん（深成岩）
かん（花崗岩）
せん（せん緑岩）
は（斑れい岩）
か（火山岩）
り（流紋岩）
あ（安山岩）
げ（玄武岩）

粘性が弱く、溶岩がうすく広がり傾斜のゆるやかなハワイのキラウエア火山。

粘性が強くドーム型に盛り上がっている昭和新山（北海道）。

第4章 火山の仕組みは？

活火山とは？

日本は世界でも有数な火山国

　1万年前より現在までの間に噴火したことがわかっている火山を「活火山」と呼びます。現在の日本には富士山をはじめ、関東地方の浅間山、九州地方の阿蘇山、桜島など実に111の活火山があります。世界でも有数な火山国で、世界の活火山の約7％を占めています。

　日本のような火山列島の火山は海溝に並行に連なって列をなして分布しています。日本には2つの火山例があります。

　1つは太平洋プレートの沈み込みに沿って、北海道から東北地方を通り、富士山や伊豆七島、さらに南へ続く火山列です。

　もう1つはフィリピン海プレートの沈み込みに沿って、山陰地方から九州、トカラ列島に続く火山列です。

●日本と世界の活火山の数

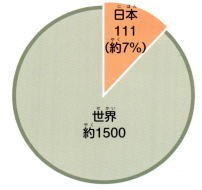

日本 111（約7％）
世界 約1500

※出典：内閣府HPより作成

ヒミツコラム

活火山の数は変わるの？

　火山の研究では、溶岩などの噴出物を分析して年代を測定します。また、上下の地層と比較したり、岩石に残された磁気の方位から年代を推定する方法もあります。

　日々新しい調査分析、解析が進んでいるので、活火山の数は増える傾向にあり、今後も変わる可能性があります。

富士山

阿蘇山

地層とはなにか？
化石とはなに？
地球の構造・プレート
火山の仕組みは？
地震はなぜ起こるの？
地質から得られる資源とは？
標本図鑑

第4章 火山の仕組みは？

覚えておきたい日本の活火山

⑬阿蘇山（熊本県）
⑭雲仙岳（長崎県）
⑮霧島山（鹿児島県／宮崎県）
⑯桜島（鹿児島県）
⑰薩摩硫黄島（鹿児島県）
⑱諏訪之瀬島（鹿児島県）

70

①樽前山（北海道）
②昭和新山（北海道）
③有珠山（北海道）
④北海道駒ケ岳（北海道）
⑤磐梯山（福島県）
⑥浅間山（長野県／群馬県）
⑦富士山（静岡県／山梨県）
⑧三原山（東京都）
⑨三宅島（東京都）
⑩伊豆鳥島（東京都）
⑪西之島（東京都）
⑫福徳岡ノ場火山（東京都）

コラム

ハザードマップとはなに？

　もしも火山が噴火したときに影響のある恐れがある範囲を地図上にわかりやすく示したものを火山ハザードマップといいます。

　過去の噴火を詳しく調べたり、同じような性質の火山の噴火なども参考にして作られます。

　多くの行政機関では、このハザードマップに加えて、避難が必要になった際の避難先、避難経路などの情報を加えた防災マップを作っています。

　例えば、富士山の付近である静岡県、山梨県、神奈川県の各機関が参加している富士山火山防災対策協議会では、一つにまとまって富士山ハザードマップを作っています。富士山には多くの観光客、登山客が訪れます。富士山のどこかで噴火した場合、溶岩流の流れを何例か想定し、避難パターンを作って示しています。

第5章

地震はなぜ
起こるの？

第5章　地震はなぜ起こるの？

地震が起こる仕組みは？①

プレートの動きが地震を起こす

　日本は地震の多い国です。普段は微小な地震が多く、ほとんどの地震を感じることはありませんが、実は日本列島では毎日300〜500ほどの地震が起きています。

　地震は地球の表面を覆っているプレートの動きが起こしています。プレート同士には常に力がかかっていて、いたる所にひずみがたまっています。そして、プレートがたまったひずみに耐えきれなくなると、それを解消しようとして、一部で破壊やずれが生じて地盤の振動として伝わるのが地震です。地震には海溝型地震と内陸型地震があります。どちらもプレート同士の動きによるひずみが原因です。海溝型地震は、プレート境界で起こる地震で沈み込むプレート内でも地震は起こります。

　プレートが動くのは、プレートの下にあるマントルの対流や、沈み込んだプレートの自重で引っ張っていることが原動力です。

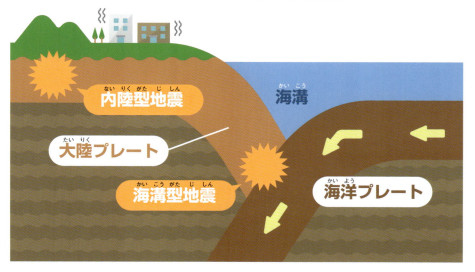

海溝型地震

●沈み込むプレートの境界で起こる地震

　海洋プレートが大陸プレートの下に沈み込むときに、大陸プレートの端もひきずり込まれます。大陸のプレートが沈み込みに耐えられなくなり、海溝ではねかえることによって起こる地震で、規模が大きいことが多く、おおよそ周期的に起こることが予想されます。

①海洋プレートが大陸プレートの下に沈み込みます。

②大陸プレートの端がひきずり込まれます。

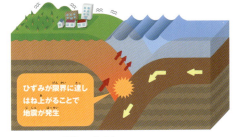

③沈み込みに耐えられなくなった大陸プレートの端がはねかえります。はねかえった地面が海水を押し上げて、津波を起こすことがあります。

●沈み込むプレート内の地震

　沈み込んだ海洋プレート（スラブ）内で起こる地震で、プレートにかかる曲げの力やプレート自体の重さによる引っぱりの力など、さまざまな力によってプレートの一部を壊します。プレート境界の地震と違って周期性がなく、より予測の難しい地震です。スラブ内地震やプレート内地震と呼ばれます。

第5章 地震はなぜ起こるの？

地震が起こる仕組みは？②

内陸型地震

　内陸部の比較的浅い場所で起きる地震です。海溝型地震に比べるとエネルギーの規模は小さいですが、震源地が浅く、私たちの暮らす地表のすぐそばで起きるため、被害が大きい場合があります。直下型地震や、内陸型地震と呼ばれます。

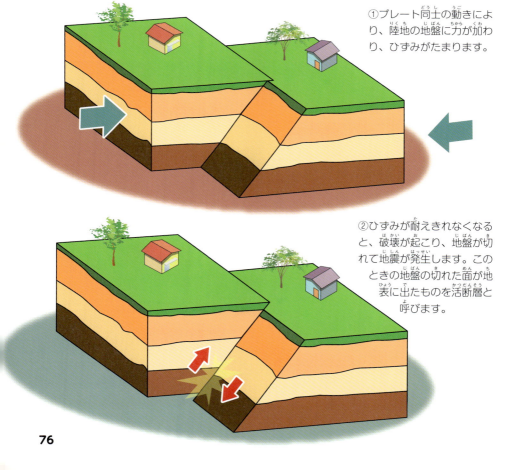

①プレート同士の動きにより、陸地の地盤に力が加わり、ひずみがたまります。

②ひずみが耐えきれなくなると、破壊が起こり、地盤が切れて地震が発生します。このときの地盤の切れた面が地表に出たものを活断層と呼びます。

火山性地震

さまざまなタイプがありますが、主に火山の噴火をともなうものと、火山内部の活動によるものがあります。火山内部の活動とは、マグマなどの流体が地下で移動することが関連しています。必ずしも地盤が割れているわけではなく、火山を人間の体に例えると、お腹がゴロゴロ鳴っているような状態です。

地震のタイプと過去発生した大地震の例

①沈み込むプレートの境界で起こる地震

プレート境界で大陸プレートがはねかえることで起こる地震の例としては、1923年の大正関東大地震（関東大震災）、2003年の十勝沖地震、2011年の東北地方太平洋沖地震（東日本大震災）が挙げられます。

②内陸型地震の例

活断層が動くことで起こる内陸型地震の例としては、1891年の濃尾地震、1964年の新潟地震、1995年の兵庫県南部地震（阪神・淡路大震災）、2000年の鳥取県西部地震、2004年の新潟県中越地震、2008年の岩手・宮城内陸地震、2016年の熊本地震、2024年の能登半島地震、海外では、2023年トルコ・シリア地震などが挙げられます。

第5章 地震はなぜ起こるの？

日本で過去30年に起きた大きな地震は？

①1995年　兵庫県南部地震（阪神・淡路大震災）M7.5
②2003年　十勝沖地震M8.0
③2004年　新潟県中越地震M6.8
④2011年　東北地方太平洋沖地震M9.0
⑤2013年　淡路島地震M6.3
⑥2014年　長野県神代断層地震M6.7

兵庫県南部地震（阪神・淡路大震災）

十勝沖地震

東北地方太平洋沖地震

⑦2016年　熊本地震M7.3、M6.5
⑧2016年　鳥取県中部地震M6.6
⑨2018年　大阪府北部の地震M6.1
⑩2018年　北海道胆振東部地震M6.7
⑪2024年　能登半島地震M7.6

第5章 地震はなぜ起こるの？

震源、震央、震度、マグニチュードってなに？

震度とマグニチュードの違いは？

地震が起こるとテレビのニュース番組などで、震源や震央、震度、マグニチュードという言葉を使って説明しているのを聞いたことがあると思います。

震源とは最初に地震の起こったポイントのことです。（例：○○の地下○km）。震央は、その震源の地上の位置を指します（例：○○県○○市）。震源域は地下で破壊が起きた領域全体のことを指します。

震度は各観測点での地震の揺れの大きさを指す言葉で、地域によって異なります。マグニチュードは地震そのもののエネルギーの量を示すため、一回の地震についてマグニチュードは1つに定まります。

一般的には震度は、震源近くが最も大きく、震源から遠くなるほど小さくなります（地盤の性質によって異なることがあります）。日本では震度階級として10段階に分かれています。

また、マグニチュードが大きいほど、地震のエネルギーが大きいため、遠いところまで揺れが届きます。

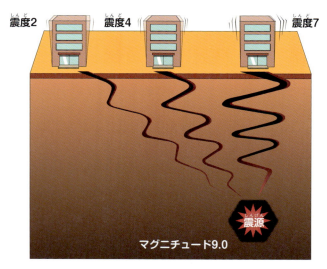

震度階級とは？

震度は震度計という機器で観測されます。気象庁の震度階級により10段階に分かれています。

震度階級	
震度階級0	・人は揺れを感じない。
震度階級1	・屋内で静かにしている人のなかには揺れをわずかに感じる人がいる。
震度階級2	・屋内で静かにしている人の大半が、揺れを感じる。
震度階級3	・歩いている人のほとんどが、揺れを感じる。
震度階級4	・大半の人が驚く。 ・電灯などのつり下げ物は大きく揺れる。 ・座りの悪い置物が倒れることがある。
震度階級5弱	・大半の人が恐怖を覚え、物につかまりたいと感じる。 ・棚にある食器類や本が落ちることがある。 ・固定していない家具が移動することがあり、不安定なものは倒れることがある。
震度階級5強	・物につかまらないと歩くことが難しい。 ・棚にある食器類や本で落ちるものが多くなる。 ・固定していない家具が倒れることがある。 ・補強されていないブロック塀が崩れることがある。
震度階級6弱	・立っていることが困難になる。 ・固定していない家具の大半が移動し、倒れるものもある、ドアが開かなくなることがある。 ・壁のタイルや窓ガラスが破損、落下することがある。 ・耐震性の低い木造建物は、瓦が落下したり、建物が傾いたりすることがある。倒れるものもある。
震度階級6強	・はわないと動くことができない。 ・固定していない家具のほとんどが移動し、倒れるものが多くなる、 ・耐震性の低い木造建物は、傾くものや、倒れるものが多くなる。 ・大きな地割れが生じたり、大規模な地すべりや山体の崩壊が発生することがある。
震度階級7	・耐震性の低い木造建物は、傾くものや、倒れるものがさらに多くなる。 ・耐震性の高い木造建物でも、まれに傾くことがある。 ・耐震性の低い鉄筋コンクリート造の建物では、倒れるものが多くなる。

マグニチュードとは？

地震のエネルギーの量を示しています。地震計で計測しており、ほかの地震と比較することができます。マグニチュードが1増えると地震のエネルギーは約32倍になり、2増えると約1000倍になります。

マグニチュード6.0

マグニチュード7.0

マグニチュード8.0

約32倍

1000倍

第5章 地震はなぜ起こるの？

活断層ってなに？

正断層、逆断層、横ずれ断層のちがいは？

　最近の地質時代に繰り返し活動した跡があり、今後も活動する可能性のある断層を活断層と呼びます。活断層は将来地震を起こしうる断層という意味で、起震断層ともいいます。
　日本国内には、陸地やその周囲を取り囲む海の底に約2000の活断層があるとされています。まだ存在が確認されていない活断層もたくさんあります。

　一度できた断層は強度の弱い場所となるので、応力を受ける度に繰り返し活動することになります。そのため過去の活動を調べて対策をすることが重要です。
　プレートの動きによって地盤は長い年月をかけて、伸びたり、縮んだりする力が加わり、ひずみが蓄積されます。地盤のひずみが限界に達して耐え切れなくなると、地下で破壊

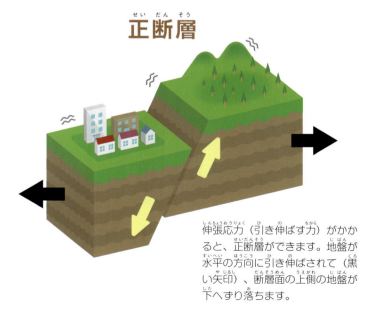

正断層

伸張応力（引き伸ばす力）がかかると、正断層ができます。地盤が水平の方向に引き伸ばされて（黒い矢印）、断層面の上側の地盤が下へずり落ちます。

が起こり、断層ができる場合があります。
　すでにある断層を動かしたり、新しく断層を作ったりする断層運動が地盤に振動を起こし、地震になります。内陸型地震（P76）はおもに活断層の断層運動によるものです。

逆断層

圧縮応力（内側に押す力）がかかると、逆断層を作ります。地盤が水平の方向に押されて圧縮され（白い矢印）、断層面の上側の地盤がもう一方の地盤にのし上がる動きをします。

右横ずれ断層

左横ずれ断層

地盤に圧縮や伸張の力がかかり、地盤が水平にずれた断層を横ずれ断層といいます。この場合は、かかっている力に対して斜めの方向に断層面が作られます。ずれの向きによって右横ずれや左横ずれと呼ばれます。※白い矢印が圧縮の向き、黒い矢印が伸張の向き

第5章　地震はなぜ起こるの？

しゅう曲ってどうやってできるの？

しゅう曲は地層が波状に曲がる現象

地層が圧縮されて、波状に曲がる現象をしゅう曲といいます。海や湖の底で土砂などが堆積してできた、まだ十分に固まっていない地層に力がかかるとしゅう曲になることがあります。

一方、地下の硬い地層の場合は力がかかると柔らかく変形できず、断層になりがちです。しゅう曲のうち、盛り上がって尾根になった部分を背斜、沈み込んで谷になった部分を向斜といいます。

フェニックスしゅう曲（和歌山県）

しゅう曲

十分に固まっていない地層が波打ったように曲がります。

● **背斜**

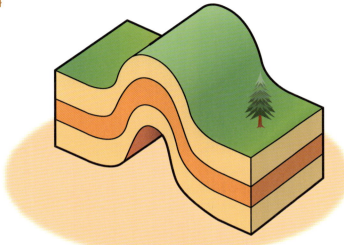

● **向斜**

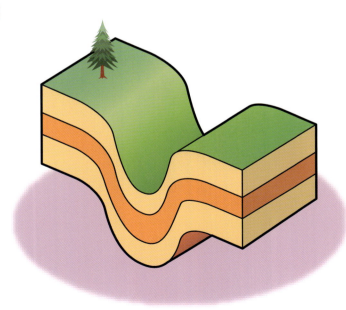

第5章 地震はなぜ起こるの？

津波はなぜ起こるの？

プレート境界で起こる地震

津波は、海底の地形の急激な変化が原因で起こります。おもにプレート境界で地震が起こるときに起こります。太平洋プレートの場合は、海洋プレートが沈み込み、ひずみがたまって大陸プレートが跳ね上がるようなときです。また、海のなかで地すべりのような急激で大きな地形の変化が起きたときにも津波が起こることがあります。

ふだんの海の波は、海水の表面が運動するだけです。津波は海底から海面までの海水が地形の変化に合わせて一斉に移動します。その影響で沿岸には大きな波が押し寄せるため、津波が河川を遡上（かけあがるという意味です）する場合や、平野に浸水する場合などがあり、注意が必要です。

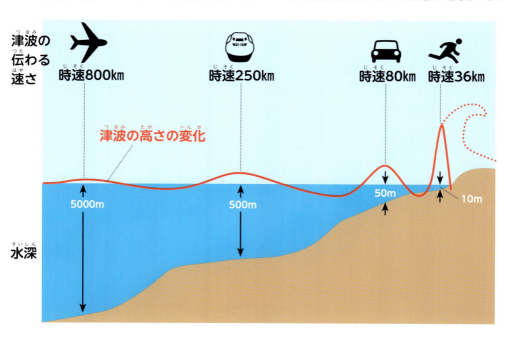

津波は水深によって伝わる速度が違う？

　津波のスピードは水深によって、伝わる速度が変わります。

　深い海のなかは、津波が伝わる速度がとても速いです。陸地に近づき浅くなると、速度がゆっくりになりますが、気をつけなければいけません。

　遠く離れた南米大陸で起こる地震でも、日本へ津波が伝わってくることがあります。1960年に起きたチリ地震津波は、太平洋のまんなかを津波が渡っている間は速く伝わり、約22時間かけて日本沿岸に到達しました。

　また、津波は火山の噴火によっても起こります。火山島で火砕流が海に流れ込む場合や、海底火山の噴火などでも津波が起こります。また、火山噴火による空気の圧力変化が伝わって津波が起こります。

　2022年1月15日に発生した南太平洋トンガ沖海底火山フンガトンガ・フンガハアパイ海底火山では、衝撃波や気圧波を放ち、噴火による空気の圧力変化で津波が起こりました。大規模な噴火だったため、約8000km離れた日本でも気圧の変化や、津波を観測しました。

ヒミツコラム　津波が来る前に高いところへ逃げよう

　海溝型の大きな地震が起きると、津波が発生する可能性があります。海に近い場所にいるばあいは、急いで高台などの安全な場所へ避難しましょう。自治体によっては、津波避難ビルや、津波避難タワーなどの避難施設があるので、すみやかに移動しましょう。

第5章 地震はなぜ起こるの？

液状化現象など、そのほかの現象は？

液状化現象

　地震が起きると、断層運動や津波が起こる以外にも、さまざまな現象が起きます。

　埋立地などで、液状化現象が起きたというニュースを見たことがあるかもしれません。液状化現象とは、地震の際に水や砂が地表に噴出し、地盤が沈下する現象です。埋立地だけでなく、柔らかい地盤水分を多く含んだ砂の地盤で、地震のときに起こりやすいです。

　地盤は普段は固まっていますが、比較的新しい時代にたまった砂や泥でできている地盤、特に埋立地の地盤は、地震で強くゆらされることで、地下の地層が液体のようにふるまいます。そして、地盤のなかの水がまわりの粒子も絡めて上がってきます。地表では、水と一緒に砂や泥が吹き出します。

　液状化が起こると、埋められていたマンホールが、突き上げられることがあります。マンホールの下はなかが空洞の土管なので、液状化が起こると、軽いものが上がろうとするためです。反対に電柱のように重いものは、下に沈み込みます。

液状化により地盤から飛び出したマンホール。

土砂崩れ、地割れ

地震が起きた際、強い揺れで道路が通行できなくなったり、建物が倒壊して出火したりするなどの大きな被害をもたらします。それだけでなく、地形を大きく変えてしまうことがあります。

土砂災害は山や崖などで発生します。大規模な地震の後、地盤が緩み、斜面崩壊や土石流が発生することがあります。その後、雨や雪が降ることによって、新たに土砂の流れが起こり、より大きな被害が出ることがあります。

2008年岩手宮城内陸地震のときは、荒砥沢ダムをせき止めている周辺の山や、ダム上流部で、大規模な地すべりなどの土砂災害が起きました。

土砂崩れ

地割れ

荒砥沢地すべり

コラム
日本や世界で過去に起きた大きな地震は？

1950年以降で、世界で起きたエネルギー規模が一番大きい地震は、1960年5月22日に南米チリで発生した地震です。この地震の震源域の長さは1000kmにもおよびます。

1952年　M9.0　カムチャツカ半島
1957年　M9.1　アリューシャン地震
1960年　M9.5　チリ地震
1964年　M9.2　アラスカ湾
1965年　M8.7　アラスカ、アリューシャン列島
1990年　M7.8　フィリピン
1999年　M7.7　台湾
2003年　M6.8　イラン、南東部バム
2004年　M9.1　インドネシアスマトラ島
　　　　　　　北部西方沖
2005年、M8.6　インドネシアスマトラ島北部
2012年
2008年　M7.9　中国、四川
2010年　M8.8　チリ、マウリ沖
2011年　M9.0　日本、三陸沖
　　　　　　　（東北地方太平洋沖地震）

第6章

地質から得られる資源とは？

第6章 地質から得られる資源とは？

地下資源はどのように活用されている？

地下にある生活のための資源

地下に埋まっている天然の資源のことを地下資源といいます。

地下資源は鉱物から採り出される鉄などの金属鉱物資源と、石炭、石油、天然ガスなどのエネルギー資源があります。地下で資源となるものが集まっているところを鉱床といいます。採掘する場所は鉱山と呼ばれます。石炭、石油、天然ガスの場合はそれぞれ炭田、油田、ガス田と呼ばれます。

地下資源の鉱床を探し、さらに採掘するには、地質学だけでなく、さまざまな分野の研究が必要です。

地下資源の種類ごとに特長があるため、採取するための専門の技術や設備が必要です。さらに資源を採り出した後、遠くまで運搬するための手段や保管する施設など時代とともに進化してきました。

地下資源

鉱物資源

金属鉱物資源（鉄、銅、鉛、レアメタル、レアアースなど）、非金属鉱物資源（珪石、ベントナイト、砂利など）など

エネルギー資源

石炭
石油
天然ガス

鉄などの金属だけでなく、電子機器などに使うレアアースもある。

石油（原油）を運ぶタンカーの様子。

ヒミツコラム

マグマに熱せられた蒸気や熱水もエネルギー資源として利用されている

　地下深くのマグマの熱も、地熱発電としてエネルギー資源として利用されています。地下深くからマグマの熱で熱せられた高温の蒸気を使ってタービンを回して発電する仕組みです。

　また、地下からくみ上げた高温の水は、発電に使ったあとに、温泉などに利用される仕組みもあります。化石燃料に頼らない再生可能エネルギーのひとつとして注目されています。

＜そのほかの利用法＞
・農業用のビニールハウスの暖房
・魚介類の養殖
・ヒートポンプでの空調、給湯（熱を集めて移動させることで、温めたり、冷やしたりできる装置）
・寒冷地で道路融雪

第6章　地質から得られる資源とは？

金属鉱物資源とは？

金属鉱物資源とは？　ベースメタルとレアメタルって？

　金属を採り出すために採掘される鉱物資源のことを金属鉱物資源といいます。金属鉱物資源は、鉄、銅、亜鉛、鉛、金、銀、プラチナ、アルミなどさまざまなものがあります。

　日本の場合は、金属鉱物資源のほとんどを輸入にたよっています。かつては日本国内でも採掘していましたが、資源の枯渇や、人件費が高いという理由などから多くが閉山してしまいました。現在は唯一、鹿児島県の菱刈鉱山が金を採掘しています。

●ベースメタル
鉄をはじめ、銅、亜鉛、鉛、アルミはベースメタルといわれ、比較的、埋蔵量・産出量が多く、加工もしやすいため昔から資源として使われています。

●レアメタル
埋蔵されている量が少ない。または、採り出すのが難しい金属のなかで、工業などで近年使われるようになった非鉄金属のことをレアメタル（希少金属）といいます。コバルト、クロム、ニッケルなど全部で30種類以上あり、日本はそのほとんどを輸入に頼っています。

●レアアース
レアメタルのうち、17の希土類元素をレアアースと呼びます。電子機器、ネオジム磁石など高度な技術を使うのに必要です。

●貴金属
金・銀・白金（プラチナ）・パラジウムなどの8つの元素が貴金属に分類されます。工業製品だけでなく、宝飾品にも使われます。

使用済みの携帯電話などをリサイクルする都市鉱山

携帯電話や家電などの工業製品には、レアアースやレアメタルなどの希少な金属が使われています。使用済みになって地上に蓄積されている工業製品を資源とみなして、「都市鉱山」と呼ばれています。使用済みのバッテリーからリチウムなどを回収し、リサイクルする試みが行われています。

95

第6章 地質から得られる資源とは？

化石燃料はどんなところでできるの？

太古の地層の隙間にたまっている

　生き物の遺がいが、地下の熱や圧力によって分解され、時間をかけて性質を変えてできた石炭、石油、天然ガスなどのエネルギー資源のことを化石燃料といいます。
　化石燃料は、生き物の種類や、分解の違いによって、石油や天然ガスになったり、石炭になったりします。ここでは、石炭、石油、天然ガスが地下でどのようにしてできたのかを説明します。

石炭のでき方

①陸上植物が湿地や湖に堆積して、泥炭を作ります。

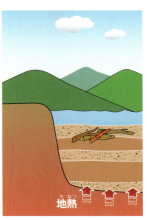

②長い時間をかけて、地下の熱と圧力によって植物などの分解が進みます。

③炭素以外の成分が次第に抜け出しながら、褐炭、さらに瀝青炭と変化しながら石炭ができます。

石油、天然ガスのでき方・たまり方

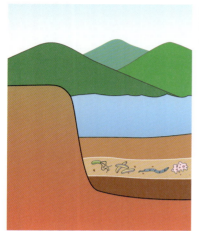

①プランクトンや植物などの生き物の遺がいが、海や湖に埋もれます。

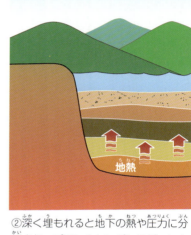

②深く埋もれると地下の熱や圧力に分解され、プランクトンがケロジェンという成分を経て、石油が作られます。また、分解された植物からはメタンなどの天然ガスが作られます。

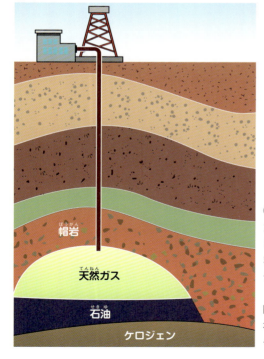

③地下で作られた石油や天然ガスは軽いため、地層の割れ目を通って浅いほうに移動します。石油や天然ガスはしゅう曲している地層の背斜部分（お椀を伏せたような形の隙間）に移動して、帽岩と呼ばれる石油や天然ガスを通しにくい地層の下でたまります。

97

第6章 地質から得られる資源とは？

石炭とは？

石炭は欠かせない資源

石炭は世界中で採掘でき、安定して手に入れることができる資源です。発電や製鉄など、私たちの生活に欠かせないものです。しかし、石炭を燃やすと、二酸化炭素や有害物質が多く出てしまいます。石炭にはいくつかの種類があります。褐炭や瀝青炭、無煙炭などがあります。

炭化度別(よりよい石炭になっているかの度合い)の分類

①**褐炭**
水分が多く、発熱量が少ない比較的未熟な石炭です。植物の痕跡がある場合もあります。

②**瀝青炭**
一般的に資源として使われています。

③**無煙炭**
名前の通り、煙を出さずに燃えます。炭素が高く、発熱量も高いです。輝きがあります。

目的別の分類

① 原料炭
製鉄の原料のひとつである、コークスとして使います。

② 一般炭
火力発電、ボイラー燃料、セメントを作るときの燃料として使います。

コークス

ヒミツコラム
日本で唯一残る炭鉱は？

軍艦島

かつて日本では、炭鉱での石炭の採掘が盛んに行われていました。筑豊炭田（福岡県）、夕張炭田（北海道）などあちこちに炭鉱がありました。廃墟として有名な軍艦島（長崎県）も端島炭坑という、石炭の採掘が行われた島でした。島から地下に入ると、海底下に網の目のように採掘のための坑道がありました。

しかし、海外の安価な石炭の輸入、石油などのほかのエネルギーに代わったことにより、多くの炭鉱が閉鎖しました。現在、日本で唯一残る現役の炭鉱は、釧路炭鉱（北海道）のみです。陸上から掘っていき、海底下の石炭層を採掘しています。

第6章　地質から得られる資源とは？

石油資源とは？

原油と石油はどう違うの？

石炭と天然ガスはほとんどがエネルギー資源として利用されますが、石油のもととなる原油については、約40%がエネルギー資源となります。これらは燃料として燃やして、タービンを回して電気エネルギーを得ることができます。また、ガソリンや軽油、重油などの輸送燃料になるものもあります。一方で、原油はプラスチック製品や化学繊維などの原料にも利用されます。

石油の利用の仕方の例

①燃料としての利用
- 発電用燃料　燃料として火力発電所で燃やして、タービンを回して電気エネルギーを得ます
- 輸送燃料　ガソリン、軽油、ジェット燃料、重油など

②熱源としての利用
- 工場などの熱源、LPガス　給湯器やコンロなどの家庭用燃料灯油

③加工して製品として利用
- タイヤなどのゴム製品
- ペットボトルなどのプラスチック製品
- 衣類に使われている化学繊維
- 洗剤やシャンプーなどの原料、ドライクリーニング用の有機溶剤

石油の採掘

地面を掘削して井戸を掘ります。地下に穴を空けて、何千メートルもの下の石油の層に到達すると、軽くて液体の原油は自らの浮力で地上に上がってきます。これを自噴といいます。近年は、かたい泥岩層のなかに閉じ込められたシェールオイルという自噴しない石油も、地下の地層を細かく破壊する技術が開発され、掘り出せるようになりました。

製油所

原油は製油所で加熱して精製します。原油の成分の沸点の差を使って、石油ガス、ガソリン、ナフサ、灯油、軽油、重油の石油製品に分けられます。これを分留といいます。

ヒミツコラム 石油のにおいの温泉って？

現在ではほとんど輸入に頼っていますが、日本でもかつては各地で石油を掘っていました。石油の掘削中に、偶然掘りだされた温泉が数多くあり、その温泉の湯は、独特の石油の臭いがするそうです。

また、日本書紀に記された大和の時代、自然と地下から湧き出してくる火が点く水（石油）を当時の越後（現在の新潟）では、臭水（くさみず、くそうず）と呼んで、天皇に献上していたそうです。

第6章 地質から得られる資源とは？

天然ガスとは？

天然ガスは環境にいい？

天然ガスはエネルギー資源として利用されますが、酸性雨の原因とされる硫黄酸化物を含まず、燃やしたときに出る二酸化炭素、大気汚染の原因とされている窒素酸化物の排出量が石炭や石油に比べると少ないです。そのため、天然ガスはほかの化石燃料に比べて、環境への影響が低いといわれています。

天然ガスの輸送や貯蔵をしやすくするためには、十分に冷やして液化天然ガス（LNG）を作ります。天然ガスは162℃以下に冷やすと液体になり、体積が約600分の1に小さくなります。

天然ガスは、火力発電所の燃料や、私たちが普段使う都市ガスの原料になるほか、天然ガス自動車、燃料電池などに利用されています。

●他のエネルギー資源と比べた排出量　※石炭を100とした場合

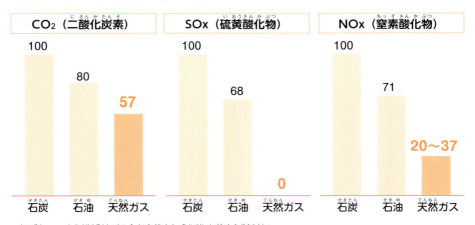

※出典：「火力発電所待機影響評価技術実証調査報告書」
（1990年3月）／（一財）エネルギー総合工学研究所（CO2）
「natural gas prospects」（1986）／OECD・IEA（SOx、NOx）

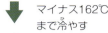

気体の天然ガス

↓ マイナス162℃まで冷やす

LNG

↓ 体積が1/600になる

LNGタンカー

LNGタンク

ヒミツコラム 日本でも出てくる水溶性の天然ガスとは？

　天然ガスの生産地は世界各地に分布していますが、日本でも新潟、北海道、千葉などで採掘しています。

　なかでも、南関東ガス田は千葉や東京を中心に広がる天然ガス田です。南関東ガス田の天然ガスは水溶性で、地下では鹹水とよばれる地下水に溶けていて、地上に出ると気体になります。この地域の鹹水には濃度の高いヨウ素が含まれているため、世界的に有名なヨウ素の産地でもあります。

　以前は東京でも採掘していましたが、比較的浅い層にあるため、地盤沈下が問題となりました。現在は千葉県茂原市を中心に採掘し生産しています。

南関東ガス田

千葉市
茂原市
千葉県

- 埋蔵地域
- おもな生産地域

第6章 地質から得られる資源とは？

石材資源とは？

石材はさまざまなものに加工されている

天然の岩石は古くから土木や建築などの石材として使われてきました。石材は耐久性、耐熱性、耐火性に優れているため、城壁、寺の灯篭、石橋などに使用され、現在も残っているものが多くあります。粉状に加工してさまざまな工業製品の材料として使われたり、彫刻などの芸術品に

も使われたりしています。

日本の石材はたくさんの種類があり、なかには、産地の名前が付いた高級な石もあります。しかし、現在は価格面などから、海外から輸入した比較的安価な石材を使うことが多くなっています

粘板岩は屋根瓦の材料に使われています。建築の分野でスレートと呼ばれていて、板状にうすく剥がしやすく、加工しやすいなどの特長があります。

石灰岩は、産業面では石灰石として利用されています。おもにセメントの原料やコンクリートの骨材として使われています。また、農業では石灰岩を粉にして、土の性質の調整に利用しています。

墓石のほとんどは花崗岩（御影石）が使われています。花崗岩は密度が高く、耐久性があり、加工もしやすく、見た目にも美しいため、古くから石材として使用されています。

花崗岩はカーリングのストーンの素材にも使われています。しかし、スコットランドのアイルサクレイグという島の花崗岩に限られています。

ヒミツコラム　船で運ばれてきた江戸城の石垣

江戸城の石垣はおもに、神奈川県の真鶴半島、静岡県伊豆半島の安山岩、瀬戸内海の島の花崗岩を使いました。いずれも船で運ばれました。

江戸城の石垣

鉄ができたのはバクテリアのおかげ？

　鉄鉱石は縞状鉄鉱層という酸化鉄と二酸化ケイ素を含むしま模様の地層から採掘されます。これらの地層が作られたのは原生代の海で、光合成をするシアノバクテリアという植物性プランクトンの働きによるものです。シアノバクテリアが光合成をして、大量の酸素をつくることにより、海水中の鉄分と結合して酸化鉄が沈殿しました。縞状鉄鉱層は、オーストラリア、ブラジル、中国などに分布しています。

　また、鉄以外にも、海底火山の活動の影響で、海底には多くの鉱物があります。海底鉱物資源といい、海底熱水鉱床、コバルトリッチクラスト、マンガン団塊、レアアース泥などがあります。

　これらは日本の周辺にもあることが知られているため、未来の資源として使えるように、研究が進められています。

第7章

標本図鑑

第7章　標本図鑑

岩石

①流紋岩

主に石英、長石を含む火山岩です。有色鉱物はあまり含まず、黒雲母やカクセン石などを含むことがあります。二酸化ケイ素が多く、粘り気の高い流紋岩質のマグマからできました。白っぽい色を示すものやガラス質の岩石です。そのため、黒曜石も流紋岩に含まれます。また、流れの模様（流理構造）を示す場合があります。

②安山岩

主にカクセン石、輝石、長石を含む火山岩です。石英やカンラン石、磁鉄鉱を含むこともあります。中間的な性質の安山岩質のマグマからできました。火山岩として斑状組織を示します。日本のような火山列島では安山岩からできている火山が多くあります。硬くて耐久性や耐火性が強いという特長が活かされ建設用の骨材などとして使われます。

③玄武岩

主にカンラン石や輝石、長石を含む火山岩です。磁鉄鉱もしばしば含みます。二酸化ケイ素が少なく、粘り気の低い玄武岩質のマグマからできました。有色鉱物の割合が高く、全体的に灰色から黒っぽく見えます。火山岩として斑状組織を示します。陸上や海底の火山、プレートが生まれる海嶺など世界各地に分布しています。

画像：産総研地質調査総合センター

④花崗岩

主に石英、長石、黒雲母を含む深成岩です。その他にはカクセン石や白雲母、ザクロ石を含む場合があります。等粒状組織で全体的に白っぽく見えます。石材としては御影石と呼ばれます。密度が高く、耐久性があるため、古くから建物やお墓の石として使用されてきました。

⑤せん緑岩

主にカクセン石、輝石、黒雲母と長石からなる深成岩です。安山岩質のマグマが地下でゆっくり冷えて固まった岩石で、等粒状組織を示します。有色鉱物の割合が花崗岩よりも高いため、一般に白い鉱物（長石）とほぼ同じ程度に見えます。

画像：産総研地質調査総合センター

⑥斑れい岩

主に輝石、カンラン石、長石からなる深成岩です。玄武岩質のマグマが地下でゆっくり冷えて固まった岩石です。カクセン石を含むこともあります。有色鉱物の割合が高く、黒い表面に白い粒（長石）が混じっているように見えます。深成岩として等粒状組織を示します。

画像：産総研地質調査総合センター

109

第7章　標本図鑑

⑦カンラン岩

主にカンラン石からなり、輝石などを含む深成岩です。地球の上部マントルはカンラン岩からできています。カンラン石が鉄を含むため、とても重いのが特徴です。カンラン岩は水と反応して蛇紋岩に変化する場合があります。沈み込んだプレートとの境界部やプレートが生まれる海嶺付近では、水と反応して蛇紋岩となります。

⑧れき岩

主にれき（直径が2mm以上の粒子）からなる堆積岩です。河川や海岸、海底などに堆積したれきが、砂や泥などですき間が埋められた後、固まってできました。火成岩や変成岩だった岩石が細かくなり、海や川に堆積することでれき岩ができるため、れきの種類はさまざまで、その場所に流れ着くまでにある、れきの元になる地層や岩盤の種類によって変化します。

画像：産総研地質調査総合センター

⑨砂岩

主に砂（直径が0.06～2mm程度の粒子）からなる堆積岩です。石英や長石からなるものが多く、その他に岩片（岩石のかけら）を含みます。河川や海岸、海底や湖底などで堆積した砂が固まってできました。砂粒の種類により、色や硬さが異なります。比較的やわらかいものは、産業用に加工がしやすいです。主に敷石や花壇などで使われます。　　　画像：産総研地質調査総合センター

110

⑩泥岩（頁岩）

主に泥（直径が0.06mm以下の粒子）からなる堆積岩です。海岸から遠く離れた深い海底や、おだやかな湖底などで静かに積もった泥が固まってできました。薄く割れやすいものがあるため、頁岩とも呼ばれます。細かい石英や斜長石を含むことがあります。また、小さな生き物や植物のかけらを化石として含むこともあります。

⑪石灰岩

サンゴ礁に生息する生物の遺骸などからつくられました。炭酸カルシウムが主成分の方解石、またはアラレ石からなります。比較的やわらかいため、釘などでひっかくと傷がつくのが特長です。石灰岩から、サンゴ、フズリナなどの石灰質の殻を持つ生き物の化石が見つかります。石灰石として利用され、国内の自給率はほぼ100%です。

画像：産総研地質調査総合センター

⑫チャート

二酸化ケイ素の殻を持つ放散虫というプランクトンの遺骸がつもって固まった堆積岩です。ケイ藻の殻がつもったものもあります。非常に細かい石英からなり、とても硬く、割れ目が鋭いです。放散虫は時間をかけてゆっくり海底に堆積するので、厚さ1cmつもるのに、約千年かかるとも言われます。

画像：産総研地質調査総合センター

111

第7章　標本図鑑

⑬ホルンフェルス

地下でマグマに接した地層や岩石が高い熱を受け、再結晶してできた変成岩です。新しくできた結晶として、菫青石や珪線石、紅柱石を含むことがあります。ホルンフェルスのなかに生成される菫青石は白雲母に変化すると、桜の花が咲いたように見えるため「桜石」と呼ばれます。

⑭粘板岩

泥岩が高い圧力を受けて、薄く剥がれやすい性質を持った岩石です。粘板岩は、弱い変成作用を受けたもので変成岩に分類されます。剥がれる面は泥岩がつもった面と必ずしも一致しません。加工しやすいなどの特長があり、「スレート」と呼ばれ、屋根瓦の材料にも使われます。書道で使う硯や、碁石にもなります。

⑮結晶片岩

プレートの沈み込みにともない、地下深くの高い圧力によってせん断を受けてできた変成岩です。白雲母、カクセン石などの結晶が板状に配列されていて、片理と呼ばれるしま模様を作り、薄く割れる特徴があります。また、変成する前の岩石や含まれる鉱物や変成の度合いの違いにより、泥質片岩、緑色片岩、青色片岩、石英片岩などに区別されます。

112

⑯マイロナイト

断層の動きに伴い、地下深い高温、高圧の場所で岩石全体が延ばされるように圧砕され変形した岩石のことです。それにより、細粒化や再結晶が見られるのが特徴です。花崗岩質の岩石では、長石のまわりに細粒化した石英が取り囲み、眼球状マイロナイトができます。

画像：産総研地質調査総合センター

⑰蛇紋岩

地下深くでカンラン岩が熱と圧力を受け、水が加わってできる変成岩です。蛇紋岩は、鉄やマグネシウムを含む蛇紋石を主体としています。蛇紋岩はもろく滑りやすい石です。深い緑色をしているものから、薄緑・黒・青味などさまざまな色があります。アスベスト（石綿）をともなうこともあります。

画像：産総研地質調査総合センター

113

第7章 標本図鑑

鉱物

①自然金

自然金は、金の元素だけでできた元素鉱物とされます。黄色で光沢があり、錆びません。鉱脈に含まれているものや、砕けて流され、川砂のなかに砂金として見つかるものがあります。鉱石としては、銀や銅が含まれることが多いです。金はやわらかいため加工がしやすく、昔から金貨や装飾品をはじめ、金箔、メッキ、電気部品の材料など、幅広く使われてきました。

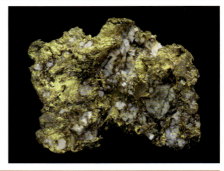

画像：産総研地質調査総合センター

②ダイヤモンド

炭素からなり、鉱物のなかで最も硬い鉱物です。地下130Km以上の深いところで高い圧力を受けた二酸化炭素を含むマグマのなかでできました。そのマグマが一気に地上に噴出してできたキンバーライトという火山岩には、ダイヤモンドの原石が含まれています。宝石としてのほか、研磨剤などにも使われます。和名では「金剛石」と呼ばれます。

③石英

酸素とケイ素からなる鉱物で、最も一般的に産する鉱物のひとつです。六角柱のものは「水晶」と呼ばれます。傷や泡が入らず、純粋なものは無色透明ですが、不純物や放射線の影響などにより、多様な色になります。鉄イオンが混じった紫色のものを「アメシスト」と呼びます。砂浜の砂粒の多くは石英でできています。熱に強い石英ガラスの材料になります。

④黄鉄鉱（パイライト）

鉄と硫黄が結合してできた鉱物です。色は淡い黄色で光沢を持つので、金と間違えられて「愚者の金」と呼ばれましたが、自然金よりとても硬いです。立方体、正八面体や五角十二面体などさまざまな形の結晶ができます。パイライトという英語名は、ギリシア語のpyr（火という意味）から来ていて、ハンマーなどで打つと火花が散ります。

⑤コランダム（鋼玉）（ルビー、サファイア）

コランダムは、酸素とアルミニウムからなる非常に硬い鉱物です。結晶の形は、六角形板状、柱状です。わずかにほかの金属の元素が混ざると色がつき、クロムを含んで赤い色のものは「ルビー」、それ以外の色（青とは限りません）は「サファイア」といい、宝石として扱われます。とても硬いため、人工的に作った粉末状の結晶は研磨剤として使われています。

画像：産総研地質調査総合センター

⑥蛍石

フッ素とカルシウムからなる鉱物です。八面体に割れる性質（へき開といいます）があります。蛍石の名前は、結晶を加熱すると発光し、飛び散ることに由来しています。また、天然の蛍石のなかには、紫外線に反応して光を発するものがあり、これを蛍光といいます。蛍石にはさまざまな色のものがあり、とても人気があります。

115

第7章　標本図鑑

⑦方解石

炭酸カルシウムからなる鉱物で、塩酸をかけると激しく泡を出します。平行六面体・六角錐状・六角柱状などさまざまな形の結晶をとります。特定の3方向に綺麗に割れるへき開の性質を持ちます。字や線がかかれた紙の上に方解石を置くと、二重にみえます（複屈折といいます）。鍾乳洞の石を構成している鉱物です。

画像：産総研地質調査総合センター

⑧くじゃく石（マラカイト）

主に銅と炭酸からなる鉱物です。名前の由来は、断面のしま模様がくじゃくの羽に似ているためです。銅の主要鉱石である黄銅鉱が水に溶けて、水中の二酸化炭素と反応して生成します。銅鉱山で産出される緑色の石です。粉末にして顔料に使われます。高松塚古墳の壁画では、緑色の岩絵の具として使用されました。

画像：産総研地質調査総合センター

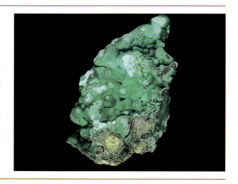

⑨逸見石

カルシウムと銅とホウ酸を主成分とする鉱物で、濃紺やすみれ色をしています。日本で最初に発見された新鉱物で、現在までに岡山県の布賀鉱山だけでしか見つかっていません。再結晶した石灰岩のなかに産します。

⑩石こう

硫酸カルシウムと水からなる鉱物です。海底の沈殿物などが化学変化を起こしてできた鉱物です。建材、彫刻の素材、骨折の治療に用いるギプスなどに加工されます。砂漠地帯で、バラの形に結晶することがあり、「砂漠のバラ」と呼ばれます。

画像：産総研地質調査総合センター

⑪灰重石（シーライト）

タングステンとカルシウムと酸素でできた鉱物です。高温熱水鉱床などで生成します。紫外線を当てると、青白い蛍光を発しますが、例外として光らないものもあります。タングステン（レアメタル）の原料として利用され、白熱電球のフィラメントで使用されています。

画像：産総研地質調査総合センター

⑫モリブデン鉛鉱

鉛とモリブデン（レアメタル）の酸化物からなる鉱物です。鉛亜鉛鉱床の酸化帯に生成し、低温の熱水脈から生成することが多いです。モリブデンは、鉄鋼の添加剤と使用され、モリブデンそのものはあまり素材として利用されません。資源として欠かせないため、国内では国家備蓄の対象になっています。

画像：産総研地質調査総合センター

117

第7章　標本図鑑

⑬ トルコ石（ターコイズ）

銅とアルミニウムとリン酸を主成分としている鉱物です。青や緑色をしていて不透明です。アルミニウムが鉄に置き換わると緑色になります。ターコイズブルーという色の名前は、このトルコ石の色が由来です。宝石として有名で世界中の人から装飾品やお守りとして大切にされてきました。

画像：産総研地質調査総合センター

⑭ アダム鉱（アダマイト）

亜鉛やヒ素を含む鉱物で、主に黄色、黄緑色で銅を含む場合は緑色に、コバルトを含む場合は赤や紫色を帯びます。アダム鉱は、くじゃく石や方解石とともに産出されることが多いです。黄色のものは紫外線を当てると発光するという性質がありますが、銅やコバルトを含むものは発光しない傾向があります。

画像：産総研地質調査総合センター

⑮ リン灰ウラン石

ウランを含む鉱物です。閃ウラン鉱などのウランを主成分とする鉱物が、風化によって変質してできます。うろこ状、薄い板状、皮膜状など状態のものがあります。紫外線を当てると、緑色から黄緑色の鮮やかな蛍光がみられるのが特長です。レアメタルのひとつで核燃料の原料となります。

画像：産総研地質調査総合センター

⑯ 褐鉛鉱

バナジウム鉱石のひとつで、鉛や塩素を含む鉱物です。褐色（オレンジや赤の混ざった色）をしていることからその名前がつけられました。六角板状、柱状をしています。熱水鉱床などから産出されます。工業用にも「バナジウム」と呼ばれ、主に製鋼の添加剤として使われます。

⑰ カンラン石

マグネシウムや鉄を含むケイ酸塩鉱物で火成岩の玄武岩や斑れい岩などに含まれます。主にカンラン石からなる岩石をカンラン岩といい、地下深くの上部マントルを構成しています。透き通ったオリーブ色（緑色）で、粒状のものが多いです。カンラン石は、隕石に含まれる場合があります。「ペリドット」はカンラン石の宝石名です。

画像：産総研地質調査総合センター

⑱ トパーズ（黄玉）

アルミニウムを含むケイ酸塩鉱物で、石英よりも硬い鉱物です。高温の熱水鉱床などで石英などと一緒に産出されます。色は無色、黄色、淡褐色、水色など多様で、宝石として人気があります。加熱したり、放射線を照射したりすることで色を加工するものもあります。

119

第7章　標本図鑑

⑲ざくろ石（ガーネット）

カルシウム、アルミニウム、マグネシウム、鉄、マンガンなどを含むケイ酸塩鉱物です。赤、緑、黄、灰、黒色など含まれる元素によって多様な色があります。斜方十二面体や、それに似た形をしています。「金剛砂」という名前で、研磨剤にしたり、紙やすりに使われたりします。「ガーネット」は宝石としての呼び名です。

⑳緑れん石

カルシウム、鉄、アルミニウムを含むケイ酸塩鉱物です。火成岩や変成岩に見られます。くすんだ緑色をしていて、簾に似ていることを名前の由来にしています。長野県上田市の「やきもち石」は、丸い石を割ると、なかに緑色の緑れん石の結晶があり、まるであんが入っているように見えます。

画像：産総研地質調査総合センター

㉑緑柱石（ベリル）

ベリリウム（レアメタル）とアルミニウムを含む六角柱状のケイ酸塩鉱物です。多様な色があり、緑色のものは「エメラルド」、淡い青色は「アクアマリン」など、宝石として有名です。天然の石のほかに、人工的に再結晶させたヒビの入っていないものが作られています。ベリリウムの鉱石として利用します。

画像：産総研地質調査総合センター

㉒電気石（トルマリン）

ホウ酸とさまざまな金属元素を含む、ケイ酸塩鉱物です。含まれる元素により鉄電気石、苦土電気石、リチア電気石などがあり、そのため色は黒、褐色、ピンク、緑色など多様です。主に六角柱か三角柱をしていて、柱の伸びる方向に多くの線が見られるのが特徴です。電気石の結晶に圧力や熱を加えると、両端に電気を帯びます。「トルマリン」は宝石としての呼び名です。

画像：産総研地質調査総合センター

㉓輝石（普通輝石）

カルシウム、マグネシウム、鉄などを含むケイ酸塩鉱物で、主に玄武岩や安山岩、斑れい岩やせん緑岩などと火成岩に見られます。短い柱状か短冊状の結晶で、緑色から褐色の有色鉱物です。輝石は結晶の構造により、単斜輝石と直方輝石に分類され、普通輝石は単斜輝石のひとつです。輝石のグループには「ヒスイ輝石（本ヒスイ）」も含まれます。　画像：産総研地質調査総合センター

㉔ケイ灰石（ウラストナイト）

カルシウムを含むケイ酸塩鉱物で、輝石の仲間です。色は白色で光沢があります。「ウラストナイト」と呼ばれ、火に強い特性を生かして、耐火材として使われます。また、陶磁器の材料などに使われます。滋賀県大津市の石山寺のケイ灰石は国の天然記念物に指定されています。

画像：産総研地質調査総合センター

121

第7章　標本図鑑

㉕カクセン石

安山岩の斑晶としてよく見られるケイ酸塩鉱物です。黒から濃い緑色で長柱状をしていて、柱状を示すものが多いです。カクセン石の仲間の、アクチノせん石（緑せん石）は、せん緑岩や緑色片岩などに含まれていて、緑色の原因になっている鉱物のひとつです。

画像：産総研地質調査総合センター

㉖雲母（マイカ）

ケイ酸塩鉱物のグループのひとつで、層状の構造のため、薄く剥がれるようにして割れます。含まれる元素によってさまざまな種類があり、一般的によく見られるのは黒雲母と白雲母です。「マイカ」と呼ばれ、電気を絶縁する性質や、耐熱性がある性質を活かして電気機材などに使われています。

画像：産総研地質調査総合センター

㉗滑石（タルク）

マグネシウムと水分を含むケイ酸塩鉱物です。とても柔らかい粘土鉱物です。色は、白のほかに、青や黄色っぽいことがあります。「タルク」と呼ばれ、粉末にしてプラスチックや紙の添加剤として使われます。タルクは化粧品のパウダーや、チョークの材料でもあります。

画像：産総研地質調査総合センター

㉘長石

主に火成岩を起源としていて、ほとんどの岩石に含まれるケイ酸塩鉱物です。大きく分けるとアルカリ長石と斜長石に分類されます。白色や灰色が一般的ですが、多様な色があります。長い柱状の結晶をしていて、決まった方向に割れる（へき開）ことが特徴です。セラミックの材料として活用されます。

画像：産総研地質調査総合センター

㉙沸石（ゼオライト）

アルミニウムと水を含むケイ酸塩鉱物です。沸石の結晶はミクロでは、すき間の多い多孔質と呼ばれる構造で、そこにたくさんの水分を含んでいます。加熱すると水分が逃げ出して沸騰しているように見えることから沸石と呼ばれます。透明から白色で、多くの種類があり、さまざまな岩石に産します。「ゼオライト」と呼ばれ、イオン交換、脱水材などに利用されています。

画像：産総研地質調査総合センター

㉚こはく（アンバー）

天然樹脂の化石であるこはくは、樹脂が地層に埋まってできた化石です。樹脂が流れ出たときに昆虫や植物の葉、気泡などがなかに混ざり、そのまま石化して残ることがあります。色は黄色から茶色です。日本でも岩手県久慈市で産出され「薫陸香」とも呼ばれます。

123

第7章 標本図鑑

化石

①三葉虫

古生代の代表的な生き物で、示準化石になります。エビやカニのなかまの節足動物で、硬い殻の部分が化石として残っています。大きなものは90cmほどあったとされます。海底をはった跡とされる生痕化石や、脱皮のときに割れた殻をつけたままの化石も見つかります。

画像：産総研地質調査総合センター

②カブトガニ

古生代の5億年ほど前から存在していた節足動物です。2億年前から現在と同じ姿をしているため「生きている化石」と言われます。日本では瀬戸内海や九州の一部の地域に生息しています。全長60ｃｍあり、硬い甲羅で覆われていますが、カニではなく、クモのなかまに近いです。

画像：産総研地質調査総合センター

③ヒトデ

古生代のカンブリア紀からいたとされます。日本で一番大きいヒトデの化石は、新第三紀中新世中期（約1200万年前）のものとされ、腕から腕までの長さが約37.5ｃｍもあります。1917年に山形県村山市楯山の山中で発見され、山形県指定天然記念物になりました。

124

④サンゴ

古生代のカンブリア紀に出現したとされます。サンゴはイソギンチャクなどと同じ刺胞動物の仲間です。サンゴの骨格は石灰質でできていて、石灰岩のもととなります。現在のサンゴとは異なる種類の床板サンゴ、四射サンゴなどがいました。サンゴは示相化石で、温かく、綺麗な浅い海であったことがわかります。

画像：産総研地質調査総合センター

⑤シーラカンス

古生代デボン紀の化石として発見されている海水魚です。中生代白亜紀（1億4500万年前から6600万年前）の末期には滅びたと考えられていましたが、現生種が発見され「生きている化石」と言われるようになりました。1997年にインドネシアのスラウェシ島近海でも生きたシーラカンスが発見されています。

画像提供：蒲郡市生命の海科学館

⑥シダ植物

石炭紀はシダ植物とシダ種子類の大きな森ができました。シダ種子類は、葉の形が胞子で繁殖するシダ植物に似ていて、種子をつける化石植物ですが白亜紀に絶滅しています。森にはシダ植物なのに樹木のように大きくなるシダ植物のリンボク、シダ種子類のメドゥロサなどが分布していました。こうした植物は地下深くで長い時間と圧力をかけて、石炭の地層になりました。

画像：産総研地質調査総合センター

125

第7章　標本図鑑

⑦アンモナイト

アンモナイトは軟体動物で、タコやイカのなかまです。平面的な渦を巻くようにして石灰質の殻を大きくしながら成長します。殻のなかは多くの壁で仕切られています。示準化石（中生代）で、白亜紀には巨大化したり、異常巻きと呼ばれる変わった巻き方をする種類が出てきたりしました。白亜紀末期には絶滅しました。

画像：産総研地質調査総合センター

⑧恐竜

恐竜の化石は示準化石（中生代）となります。恐竜の化石は歯や骨だけでなく、足跡、糞、たまごも化石として発見されています。日本各地で恐竜化石が見つかっています。羽毛の生えた恐竜が見つかったことから、近年は鳥の祖先と考えられています。※写真はコンコラプトル

画像：産総研地質調査総合センター

⑨二枚貝、巻き貝

二枚貝の化石は古いもので古生代のデボン紀の地層から見つかります。ビカリアは巻き貝化石で新生代始新世の示準化石です。また、貝の種類によって、適する環境が異なるため、示相化石にもなりえます。ビカリアは熱帯地方の河口付近のマングローブ周辺に生息していたと考えられます。

画像：産総研地質調査総合センター

⑩マンモス

新生代の2本の巨大な牙を持った哺乳類化石です。現在の象の直接の祖先ではありません。ヨーロッパ、アジア、北アメリカなどに分布していました。ロシアのシベリアの永久凍土では凍ったままのマンモスが発見され、日本では北海道夕張、襟裳岬から歯の化石が発見されました。マンモスのなかまのムカシマンモスは日本各地で発見されています。※写真はムカシマンモスの顎の骨です。

画像：産総研地質調査総合センター

127

監修者

森田澄人 (もりたすみと)
産業技術総合研究所
地質調査総合センター 地質標本館 館長。

神戸市出身。1999年、工技院地質調査所入所。研究グループ長、研究企画室長などを経て現職。専門は地質学・博物館学。博士 (理学)。監修に「日本人が知らない列島誕生の謎 日本列島2500万年史」(洋泉社) など。

Creative Staff
●構成・編集/浅井貴仁 (ヱディットリアル株式會社)
●執筆協力/高原弘一郎
●デザイン/田中宏幸 (田中図案室)
●イラスト/あいはら ひろみ、佐藤清
●DTP/風間佳子、西川雅樹、渡邉裕美
●写真提供/産総研地質調査総合センター、伊豆大島ジオパーク推進委員会、蒲郡市生命の海科学館、口永良部島観光サイト、横須賀市自然・人文博物館、PIXTA、iStock(順不同)
<参考文献>
『地球化学入門』平 朝彦 著(講談社)、『最新理科便覧』(浜島書店)、『理科の世界 1』(第日本図書)、『小学館の図鑑NEO[新版] 岩石・鉱物・化石』(小学館)
<参考HP>
学研キッズネット、産総研地質調査総合センター、島根半島宍道湖ジオパーク、フォッサマグマミュージアム、福井市立恐竜博物館

みんなが知りたい！地層のひみつ
岩石・化石・火山・プレート　地球のナゾを解き明かす

2024年9月30日　　第1版・第1刷発行

監　修　森田 澄人　（もりた　すみと）
発行者　株式会社メイツユニバーサルコンテンツ
　　　　代表者　大羽 孝志
　　　　〒102-0093 東京都千代田区平河町一丁目 1-8
印　刷　株式会社厚徳社

◎『メイツ出版』は当社の商標です。

●本書の一部、あるいは全部を無断でコピーすることは、法律で認められた場合を除き、著作権の侵害となりますので禁止します。
●定価はカバーに表示してあります。
©ヱディットリアル株式會社,2024.ISBN978-4-7804-2924-4 C8044 Printed in Japan.

ご意見・ご感想はホームページから承っております。
ウェブサイト　https://www.mates-publishing.co.jp/

企画担当：堀明研斗